职场基本功

王鹏程 ◎ 著

哈尔滨出版社

图书在版编目（CIP）数据

职场基本功 / 王鹏程著. — 哈尔滨：哈尔滨出版社，2020.10

ISBN 978-7-5484-5413-7

Ⅰ.①职… Ⅱ.①王… Ⅲ.①成功心理—通俗读物 Ⅳ.①B848.4—49

中国版本图书馆CIP数据核字（2020）第135190号

书　　名：职场基本功
　　　　　ZHICHANG JIBENGONG

作　　者：王鹏程　著
责任编辑：刘　丹
责任审校：李　战
封面设计：末末美书

出版发行：哈尔滨出版社（Harbin Publishing House）
社　　址：哈尔滨市松北区世坤路738号9号楼　邮编：150028
经　　销：全国新华书店
印　　刷：北京温林源印刷有限公司
网　　址：www.hrbcbs.com　www.mifengniao.com
E-mail：hrbcbs@yeah.net
编辑版权热线：（0451）87900271　87900272
销售热线：（0451）87900202　87900203

开　　本：787mm×1092mm　1/32　印张：8.5　字数：183千字
版　　次：2020年10月第1版
印　　次：2020年10月第1次印刷
书　　号：ISBN 978-7-5484-5413-7
定　　价：42.00元

凡购本社图书发现印装错误，请与本社印制部联系调换。
服务热线：（0451）87990278

自序　用文字影响他人

时光荏苒。

本书首次出版,是在 2014 年 1 月,书名为《把每一天,当作梦想的练习》。那时,我还在苏州工业园,就职于一家美国半导体公司,任中国区培训发展总监,负责大陆、香港、台湾地区的培训工作。

在园区办公室写序言的时候,一只麻雀飞进来,我灵光一闪,把序言的题目定为《无雀(qiao)不成书》。在北方,麻雀又叫家雀(qiao),读三声。

而今六年时间过去了,这本书已经成为了畅销书。我写这篇再版序言时,场景已经转换到天津,我自己的书房。

此时没有麻雀飞进来,透过窗户望出去,两只常驻小区的喜鹊,在草地上,一蹦一跳,时而抬头,时而低头,可能是在啄食草籽或虫子。

六年过去,我不知道本书的第一批读者,在工作和生活中,发生了哪些变化。

而作为作者的我,变化十分巨大。

继续在那家美国公司工作了两年后,公司被并购,我被下岗。2016年1月我出来创业,成立了自己的培训公司。主要业务是给企业提供内训,目前服务了超过200家公司,其中包括奔驰、壳牌等外企,中石油、中石化等国企,京东、腾讯等私企,还有公务员系统的多家单位。

我继续创作,六年下来,几乎以每年一本的速度,出版了另外四本书:《职场幸福课:把工作折腾成自己想要的样子》《如何成为一名很厉害的培训师》《走在梦想的路上》《圆梦职场:个人战略管理手册》。

我还翻译了五本英文书,包括《自控力:和压力做朋友》《你的降落伞是什么颜色?》《进化:如何成功突破舒适区?》等。

我开创了"鹏门",目前在全国各地拥有近700名弟子。弟子们来自各行各业,不乏佼佼者。

比如,全国性的"我是好讲师"大赛,每年决赛有400名选手参加。而2017—2019年连续三年的总冠军,都是我的弟子。再比如,在我的影响下,已经有近20名弟子,出版了自己的作品。

我此生的目标,是等我的照片被挂到墙上的时候,"鹏门"能够有3000名弟子,带领更多的人,不断成长。

你呢,这五六年,你都经历了什么?

是不是无论外界环境如何,你都按照自己的节奏,在进化和成长?

感谢主编刘峰的赏识,感谢方理编辑的倾心付出,新版的《职场基本功》,相较于第一版,调整和增加了部分内容,更加符合当今的发展潮流和职场生存的现状，希望你能喜欢。

最近在各地讲课或者分享时，我特别喜欢说这段话：

当我们的生命终止，对我们的评价标准，不是我们一生赚了多少钱，谈了多少次恋爱，生了多少个孩子，而是我们影响了多少人。

未来，我会继续写下去，希望用文字的力量，带给更多人积极正向的影响。

王鹏程

2020 年 8 月于天津

目录 Contents

自序　用文字影响他人 　　　　　　　　　　　　　　-001-

第一篇
思维决定人生 　　　　　　　　　　　　　　　-001-

你的思维，决定你的人生 　　　　　　　　　　　-002-
为什么别人一年迈三步，你三年迈一步？ 　　　　-007-
为什么要？为什么不？ 　　　　　　　　　　　　-013-
你的控制源在内部，还是在外部？ 　　　　　　　-016-
千万别让这些职场心态害了你 　　　　　　　　　-019-
心可以飞翔，脚要站在地上 　　　　　　　　　　-026-
不忘初心，方得始终 　　　　　　　　　　　　　-029-

别纠结，放手去做	-033-
装着装着，梦想就成真了	-038-
把精力放在影响圈	-045-
一念之转，负担变机会	-048-

第二篇
成功从规划开始 —053—

人类永远无法阻挡梦想的力量	-054-
《个人使命宣言》规划你的人生	-059-
为什么你工作不开心？	-063-
现在，发现你的优势	-069-
如何找一份既喜欢又能赚钱的工作	-075-
善用圆方规划图，突破蘑菇定律	-080-
"Y"下面那一"竖"，谁也逃不掉	-088-
成长首先是自己的事	-092-
生命的不同，决定于八小时之外	-097-
职业生涯，有爱大胆说出来	-100-
转型是个技术活	-104-
跳槽时，职位比薪水重要	-111-

第三篇
跨越式成长 —115—

做由内而外打破的蛋 —116—
未干先说，成就执行达人 —120—
向前一步，滚动你人生的雪球 —123—
请停止低水平的勤奋 —129—
世上无难事，只要肯分解 —133—
你不管理时间，时间就会管理你 —139—
复盘，成长的加速器 —146—
掌握高效工作法，家庭事业两不误 —151—
做得好，也要秀得好 —157—
两个套路，让你的文案字字珠玑 —164—
八招教你提升意志力 —170—
让英语成为升职利器 —178—

第四篇
轻松打通职场人脉 —183—

关于你人生的重要决定，你往往不在场 —184—
给自己创建高质量标签 —188—

五招教你打通职场人脉	-193-
亲和力，沟通高手必备杀器	-197-
用别人喜欢的方式对待别人	-203-
你是老虎、孔雀、考拉，还是猫头鹰？	-208-
双赢思维，助你打造互利人际关系	-214-
别让情绪控制了你的人生	-219-
诚信，职场安身立命之本	-224-

第五篇
让老板成为贵人   -227-

使命必达	-228-
超越老板心理期望	-232-
主动与老板沟通	-237-
把老板当人看	-242-
我的工作我做主	-245-
搞定老板，功夫在八小时之外	-249-
如何对老板说不	-253-
公司和老板，都不欠你的	-258-

第一篇
思维决定人生

我们工作和人生收获的一切结果,取决于我们的行为;而我们的行为,又取决于我们的思维模式,即我们如何看待、理解、诠释周围的世界。

你的思维，决定你的人生

周六，难得的一个晴天，一个在苏州工作的朋友来访。

中午一起吃饭时，朋友说到今年春节过得很郁闷。问及原因，他说自己运气很差，参与赌博被警察抓了，花了两万多块钱才把自己赎出来，损失很大。他还说，连续五年，总是摊上类似的事，要么打架惹上官司了，要么做生意赔钱了。总之，点儿很背，运气很差。

他讲这些的时候，我的思维有所游离。尤其是他将赌博被抓，归结于运气太差，这让我想到史蒂芬·科维在《高效能人士的七个习惯》一书里提到的一个相当牛的"思维模式—行为—结果"模型：

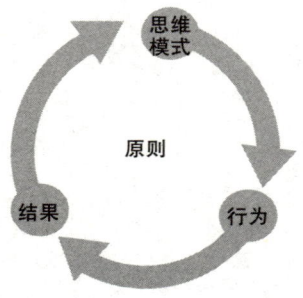

这个模型要表达的是：我们工作和人生收获的一切结果，取

决于我们的行为；而我们的行为，又取决于我们的思维模式，即我们如何看待、理解、诠释周围的世界。比如我这个朋友，思维里认为赌博被不被抓是种运气，那他就很可能去碰运气，也就是赌博（行为）。而有这种行为，就自然得到了被抓的结果。另一方面，结果也可能循环回来影响人的思维。比如别人赌博没有被抓，这个结果会加深朋友原有的"赌博被抓与否是由运气决定"的思维模式。

思维模式是我们看待这个世界的角度、方式，主要涉及价值观、信念、态度。它如同种子，是我们行为背后深藏的原因，决定了我们的人生，正所谓种瓜得瓜种豆得豆。

每个人的思维模式，都是在家庭环境、学校教育、社会影响、自身经历等因素协同作用下形成的，彼此之间会有很大不同。比如同样是买房，有人觉得8楼好，8就是发嘛。而有人则称宁可买7楼也不买8楼，七上八下啊。有人认为18楼好，要发嘛。而有人则说18不好，十八层地狱啊。

既然思维模式决定行为，行为决定结果，那么结果的好坏，又是由什么衡量和评价的呢？是原则。也就是说，如果你做事的结果符合放之四海而皆准的原则，比如正义、善良、公平，那么这个结果就是好的。否则，结果就是不好的。比如我那个朋友的赌博，违反了合法致富的原则，得到坏结果也在意料之中。

那么如何拥有符合原则，并能带来良性结果的思维模式呢？

这里，我们就要提到ABC性格理论了。这是由美国心理学家阿尔伯特·艾利斯于20世纪50年代首创的情绪调节方法。其中 A 指诱发性事件（Activating Events）；B 指个体遇到诱发性事件而产生的信念（Beliefs），即他对这一事件的看法、解释和评价；C 指在特定情景下，个体的情绪和行为结果（Consequences）。这三个要件构成一个简单顺畅的逻辑链条。它表明：诱发事件只是引起情绪和行为结果的间接原因，而个体对诱发事件的看法、解释和信念，才是引发情绪和行为结果的直接原因。

后来的研究者对这一理论做了改进，进一步提出了"行为产生路径"，用来解释人们的行为产生过程：

这个链条里面，"故事"是最重要的，是指对事件的看法、翻译、理解、诠释。显然，对同一事件，可以有不同的故事来演绎。比如瓶子里有半瓶水（事件），主动积极的人会想："啊，还有半瓶水呢！"而被动消极的人会想："唉，就剩半瓶水了！"对不同的"故事"，前者会产生积极、放松的情绪及行为；而后者则产生消极、焦虑的情绪及行为。

又比如在职场，你正在做一份报告，上司一个小时内过来三次，关注你的进展并给予建议（事件），你可以往消极路径思考，认为这是对你能力的不信任（故事），由此而感到愤怒、郁闷（情绪），继而将报告敷衍了事，从此对上司不信任、不支持（行为）。你也可以向积极方向投注思维，认为这个报告很重要，上司很信任你（故事），从而觉得受到激励、重视（情绪），所以全情投入将报告做好（行为）。

有人会反驳：如果事实上上司就是不信任我，那么我编正向故事往积极方向思考，不是自欺欺人吗？其实不然。你积极地想，努力地做好这份报告，就很有可能改变上司对你不信任的状况。而如果你一定要往消极方向想，那么结果肯定不好，破罐子破摔，就陷入恶性循环了。

然而，现实生活中，很多事情发生得很突然，我们必须立即做出反应，此时还有时间给我们编正向故事做积极思考吗？史蒂芬·科维在《高效能人士的七个习惯》里给出了肯定答案。他指出，人类有其他生物都不具备的四大天赋：自我意识、想象力、良知和独立意志。在刺激（事件）和反应（行为）之间，我们有选择的自由：

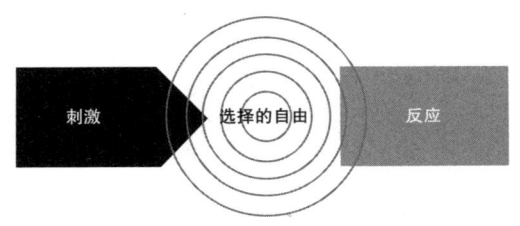

这里所说的选择的自由，就是针对行为产生路径理论里的"故事"部分说的，我们可以选择自己的态度，决定自己对事件的看法、理解、诠释。

所以，当我们面对事件或者选择的时候，不妨审视一下自己的思维模式（别忘了我们有四大天赋之一的自我意识，可以抽离出来，反观自己的想法），问自己两个问题：

1. 我这样想和随后要采取的行为，符合普世的、放之四海皆准的原则吗？比如正直、诚信、善良、公平。

2. 我这样想和随后要采取的行动，有助于实现我要的结果吗？这个结果可以包括工作绩效、良性的人际关系和生命整体的平衡。

如果两个答案都是肯定的，那就放手去做吧，你肯定是对的。

思维模式和价值观决定行为，而原则决定结果，种瓜得瓜，种豆得豆。

持有主动积极、昂然正向、符合原则的思维模式，你的未来之树必定枝繁叶茂；而种下被动消极、有违原则的种子，收获的就只能是苦果。

思维模式，决定了我们的人生。

为什么别人一年迈三步,你三年迈一步?

我曾经负责过某个公司的员工发展项目,目睹许多差不多时间入职、行事青涩的新人,经过一两年后,迅速拉开巨大差距。有的始终在原地踏步,似乎只有年龄在增长,缺乏成长和积累。有的则是工作内容不断变化,工作职位稳步提升,几月不见,就有明显的进步。

近似的起点,为何会有如此迥异的表现?在我看来,这可能是固定型思维和成长型思维的差异所导致的。

成长型思维 VS 固定型思维

成长型思维和固定型思维的概念,最早由美国斯坦福大学心理学教授卡罗尔·德韦克提出。他认为,这两种思维模式对人的成长影响巨大。

何为固定型思维模式?它包括:

· 认为大部分事情是不会变化的;
· 考虑事情目光短浅,更看重目前的结果;
· 不屑于努力,不注重学习方法;
· 更看重自身的能力,团队配合意识差;

- 害怕冒险。

而成长型思维模式是怎样的呢？
- 会认清自己的不足与优势，客观看待自己；
- 努力改善自己的状况，乐于向周围的同伴学习；
- 认为挫折能给人以动力、经验和教训，相信人具有发展潜能；
- 懂得团队的力量，取长补短，成就自己；
- 拥抱挑战。

下表更具体地列出了这两种思维模式的区别：

固定型思维	成长型思维
规避挑战	欢迎挑战
痛恨变化	拥抱变化
老是关注限制	总是寻找机会
认为自己无力改变现状	认为凡事皆有可能
不接受批评	珍惜他人的反馈，主动学习
有时候觉得努力是无用功	把每次失败当作教训
喜欢待在舒适区	喜欢探索新事物
认为毕业后无须过多学习	认为学习是终身事业

上个月，我和几个老同事一起聚餐。包括我在内的几个同事，很早就离开了那家公司，现在发展都还不错。只有一个女生，十几年来一直没挪窝。吃饭的时候她很感慨地说："哎呀，看到你们现在工作越来越好，我特别羡慕。就我还一直在这个没有发展的公司里混，工作十多年来毫无起色。"

我对这个同事很熟悉，她就是一直秉持着固定型思维，平时在工作上不太努力，不积极去突破自己，也不主动学习，所以这些年来一直缺乏进步和成长。

而前一段时间，我遇到一个女学员，印象特别深刻。她大学毕业后考上了公务员，在一个人多、活少、很清闲的环境里工作。周围的同事每天上班都在喝茶看报纸，她受不了这种平淡无奇、日复一日的工作，于是在大家都消磨时间的情况下，她坚持自己看书。三年后，她考上了研究生，脱离了原来的单位，现在，在一家企业里，做着自己很喜欢的人力资源工作。她秉持的就是成长型思维，不安于现状，勇于改变。她坚信，智力是可以改变的，自己是可以提高的，通过努力是可以进步的。

突破舒适区，没那么简单

想要从固定型思维转变为成长型思维，需要突破舒适区。但说起来容易做起来难，突破舒适区可没那么简单。

美国组织行为学教授安迪·莫林斯基在《进化：如何成功突破舒适区？》一书中，分析了个人在突破舒适区时要面临的五大挑战，和应对这些挑战的三个关键方法。

先来说说五大挑战：

第一，真实性挑战，"这完全不是我"。

比如很多人给自己设限，认为：我就是一个搞技术的，可千万不要让我当领导，那不是我能干得了的。

第二，魅力挑战，"人们不会喜欢这样的我"。

它发生在不得不做出行为拓展，却又担心其他人不再喜欢自己的时候。比如有的人在公司待得很不愉快，但没有勇气跟老板提出来，因为担心老板会恨他，这就是魅力挑战。它根源于人们

天性就希望别人喜欢自己。

第三，能力挑战，"人们会发现我的无能"。

这种挑战发生在当你想要成功完成新任务，却感到技能和知识匮乏时。很多人没有勇气上台去做演讲，去做工作汇报，因为担忧别人会发现自己根本做不好这种事情，发现自己的无能。所以他们宁可掩藏自己，也就失去了进步的机会。

第四，愤怒挑战，"为什么我要首先做出改变？"

人们被迫改变行为时会感到沮丧和恼火。他们可能会想：为什么我要先改变？应该改变的是公司的领导啊，应该改变的是其他同事啊，应该改变的是我的配偶啊，为什么偏偏是我要改变呢？

第五，道德挑战，"我不确定我应该这样做"。

不论是否符合逻辑，当你渴望拓展时，会感到不适，甚至觉得不道德。比如你没有勇气在做重要项目时提出离职申请，因为怕项目停止了，很难跟上司交代；比如你没有勇气去和一起创业的闺密开诚布公，说自己干不下去了，得散伙，因为你怕因此影响她的生活。这就是道德挑战。

这五种挑战往往会限制我们的思维，让我们很难从固定型思维转化为成长型思维。但所有的奇迹不都是发生在舒适区之外吗？只有那些勇于突破舒适区、不固步自封、勇敢接受变化的人，才能创造工作和生活的奇迹。

如何突破舒适区

那么如何突破舒适区，从固定型思维转化为成长型思维呢？

有三个关键步骤可以帮到我们：

第一，坚定信念，对你所做的事情有很强的目标感和使命感。

一旦你明白了走出舒适区的重要性和实现的难度，就需要建立起值得你付出时间、投入精力，从而做出改变的使命感。美国作家爱默生曾经说过："人们会为钱辛苦工作，为了他人利益会更加勤奋。但当他们致力于一个目标时，他们会全力以赴。"

我有个学员在上海从事铁路、桥梁设计。她在公司是项目主管，技术一流，但演讲能力欠缺，总是无法在公众场合有效表达，因此每到当众讲话的时候，都胆怯退缩。后来她认识到，为了更好地带领团队，她必须提升表达能力，于是把这个定为了2019年自己最重要的目标，这就成为她的使命。

第二，定制化行动，找到自己独特的、最自然的行为方式。

我最开始做培训师时，每次讲课之前，都会很紧张。后来我找到了舒缓紧张的方式，那就是临开课半小时前，学员们还都没到，我早早到达教室，连接好电脑、投影仪等设备，开始播放事先存好的歌曲，大多是我自己喜欢听的民谣，边放边跟着小声哼唱，紧张感就慢慢消失了。

当你面临需要突破舒适区的情况，你可以寻找最适合自己的方式。比如有人为了提升胆量，会在开会或者参加培训时，刻意选择坐在前排；有人在出席重要场合时，会穿上最喜欢的衣服，或者喝一杯咖啡；有人会在重要时刻，吻一下手指上亲人留下的戒指。

第三，增强清晰度，对面临的挑战有清晰的看法。

清晰度首先是指，要清晰认识到自己正在逃避的事实，认识到自己所采取的逃避的方式，认识到自己正在为逃避而自欺欺人。其次指的是，矫正"扭曲"和"夸大"的思维模式，不把挑战视为无法突破的障碍，寻求合适的途径来突破。

  我上面讲的那个决定提升演讲能力的学员，加入了上海的一个演讲俱乐部，逼着自己每天录 10 分钟演讲视频。前几天她兴奋地告诉我，在刚刚的一次向上海市领导汇报的会议中，她表现良好，得到了市领导的认可，公司老总也开始对她刮目相看。

  无论起点水平如何，我们总是可以比过去做得更好。

  那些秉持成长型思维的人，最后都得到了他们想要的结果。而那些秉持僵化的固定型思维的人，慢慢就会被这个社会所抛弃。

为什么要？为什么不？

我们的人生，往往会遇到一些"可有可无"的选择，比如：

· 大学时，有些学校规定，只要通过学校的英语级别考试，就可以拿到毕业证。全国的英语四级证书，可有可无。

· 攻读在职研究生时，只要学分攒够，就可以获得学校的结业证书。那个通过全国考试就可以得到的研究生学位证书，可有可无。

· 参加过教练培训的同行，都有自己的工作和专业，可以谋生。那个攒够教练小时数就可以申请的专业教练证书（PCC），可有可无。

这些可有可无的选择有以下一些特点：

· 选择权在你手中，你可以自由决定是有还是没有，无人强迫你。

· 至少在当下，做不做、有没有，对你的影响并不明显，并不紧急。

· 即使选择"有"，去行动，去拥有，行动的结果也大致在你的掌控内，不会比选择"无"花费太多额外的精力和资源。不考英语四级证，你也要学英语通过学校的考试；不拿研究生学位证，你也要上课拿学分换结业证；不拿专业教练证书，你可能也会花时间给别人做教练。有比没有，需要付出的只是踮起脚尖够那么一下。

那么，对于这些可有可无的选择，怎样选择才算比较理性呢？我试着做了个模型分析一下：

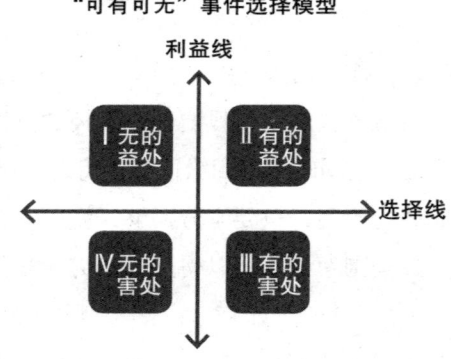

"可有可无"事件选择模型

- 第一象限"无的益处"和第三象限"有的害处"不用着墨讨论，几乎为空。非要讨论的话，"无的益处"就是省下些考试的费用和时间吧。

- 有时候，我们的意识会局限在第四象限"无的害处"上："为什么要啊？""没有的话对我也没什么害处啊！"这种选择，是不愿意走出舒适区的反应，是聚焦于现在的短视行为。这点我感同身受，当年大学本科时，我读的是国际商务英语专业，大二考专业四级，我得了 59.5 分，没过。到大四报专业八级时（不过专四也可以直接考专八），因为是学校第一届英语专业学生，学校要求比较宽松，不过级也可以给毕业证和学位证，我年轻冲动，头脑一热：就差 0.5 也不让过四级，我不考八级了，反正可有可无。就直接放弃了报名资格。导致现在都不好意思跟人说我是英语专业的，因为什么专业证明都没有。

· 对这些可有可无的选择，我们需要聚焦在第二象限"有的益处"上。转换思维开关，从"为什么要呢"跳到"为什么不呢"，把焦点从现在拉远到未来，想象一下若干年以后，你因为具备了这些所带来的益处：进入某行的门槛，持证的满足感，和别人谈起时的虚荣心，等等。拿我来说，读在职研究生时，我吸取了英语证书的教训，除了拿学校的学分，还加了把劲，通过了全国的两门考试，拿到了学位证书。那年，七十多位在职同学，包括我在内，只有三个人拿到了学位证书。到现在谈到这件事情，我还"沾沾自喜"。在面临那个可有可无的选择时，我聚焦在第二象限了。

所谓的可有可无，往往和人类与生俱来的惰性有关系，人们习惯安于现状，短视，被动，在舒适区里打转，原地踏步。"为什么要呢""现在挺好啊，没啥影响啊"。

我们需要做的，是转换思维按钮，放眼未来，想想"为什么不呢"。积极地去突破舒适区，挑战自己，踮起脚尖去够一够。每天进步一点点，突破一下下，将可无化为可有，慢慢的，就会超越昨天的我们，人生之路会更加精彩。

你的控制源在内部,还是在外部?

最近在上一门《个人的有效生产力》培训课程,班上有个来自上海的同学很有趣。

这个课程每周都会留作业,比如要求学员跟踪自己的时间分配状况,设定每周的目标,等等。而每次上课回顾,这个同学几乎都没有完成讲师要求的作业,给出的理由往往是"没有时间""我虽然没写下来,但是在思考"等等。

上课的时候,他几乎从不发言。即使发言,也总是问这样的问题:"你讲到时间管理要学会说不,可是我怎么可以对老板说不呢?""你说要做重要的事,可是我每天都在救火,哪有时间做重要的事呢?"

我喜欢分享,在课堂上经常会针对他的问题讲一些自己的看法,但我心里清楚,我的发言对他应该没有什么作用。因为,如果我没看错的话,他是个"控制源"在外部的人,如果他不改变自己的思维模式,外部力量不会起什么作用。如果他自己不愿意改变,就没有人能令他改变,我们永远无法叫醒一个装睡的人。

美国心理学家朱利安·罗特在其社会学习理论中称,我们是否会采取某个行动,一方面取决于目标对个人的价值有多大,另一方面取决于个人对达到目标可能性的预期。那么哪些因素决定了这个预期呢？罗特认为，人们的预期很大程度上取决于控制源，即人们对于自己是否能够控制生活中所发生事件的信念。比如，如果你相信，只要自己努力工作就会获得好绩效，那么你的控制源在内部；但是如果你相信，绩效的好坏全靠运气，或取决于老板的偏好，那么你的控制源就在外部。

控制源的内外之别会导致行为的巨大差异。比如，那些积极锻炼身体或存钱的人的控制源在内部，而那些购买彩票或吸烟的人的控制源则是在外部。控制源在内部的人，往往积极主动，愿意尝试改变；控制源在外部的人，则往往态度消极，充满无力感，觉得一切都脱出自己掌控。

朋友王小丹曾在博客上记录下《定位与经营》课堂随笔，她写道：

> 成功的人和不成功的人在思考模式上有很大区别。
> 越是成功的人，思考路径越短，决策力越强，学习力也越高。
> 遇到问题，成功的人的思考模式是：我想要什么？怎样达到？如何迈出第一步？
> 失败的人的思考模式是：为什么？我怎么这么倒霉？怎样找借口或逃避？
> 成功的人喜欢尝试，相信可能性，自我的对话模式是赋能模式；
> 失败的人多害怕梦想，害怕失败，害怕冲突，害怕不被认可。这样的结果是不敢尝试，不断自我消耗能量，于是没有办法

修炼能力，也就进入一个恶性循环中。

人跟人之间，起点差别很小，终点差别巨大，原因在于方向的选择：是选择聚焦正向，不断行动，朝向自己想要的方向？还是选择聚焦负向，不断评判，不断逃避？

千万别让这些职场心态害了你

小赵在一家外企的人力资源部门工作,曾经负责过一段时间的招聘,期间和生产部门的主管发生了一次不愉快。

双方冲突的原因是生产部门要招人填补一个空缺,但怎么也招不到合适的人选。生产主管就质问小赵,说人力资源的工作怎么干的,这么长时间也搞不定这个职位。小赵一听就急了,说你们部门也有责任,按你提的要求,我们在市场上根本招不到人,符合条件的,给这点工资人家也不来。

双方各执一词,最后小赵甩下一句:"得了,懒得跟你说,反正我招不来,你爱找谁招,就找谁招去吧。"双方不欢而散。

后来这事传到了人力资源总监那里,总监责问小赵。小赵承认和生产主管发生了冲突,说了不该说的话,但同时振振有辞地说:"第一,我觉得在这件事中我没有责任,我把该做的都做了。 第二,生产部门一向就这个德性。招人要求很高,又给不了多少工资。而且给你招人的时间很短,恨不得今天提需求,明天就见到候选人。 第三,我当时态度是不太好,但在当时那种情况下,他对我也不太客气啊,我没有办法,只能那么对他。"

看到这里,小赵说的这三点,这三种解释,这三种心态,身处职场的你,是否也都有,或者至少有一两种?

受害者心态、坏人心态和无助者心态

没错,这些心态分别被称为受害者心态、坏人心态和无助者心态,在职场和私人生活领域十分普遍。

1. 受害者心态

这是一种当事情不如所愿、结果不理想时,认为自己一点儿责任也没有的心态。我没错啊,我很无辜啊,我是受害者啊。这种心态的核心,就是忽略了自己在事件中的角色和应该承担的责任。拿小赵来说,招不到人自己就真的没有责任吗?用人部门要求高,自己主动沟通过吗?双方不欢而散,自己在沟通时是不是态度也有问题?人们往往是这样,很容易看到别人的问题,却难以觉察到自己的责任,用那句歇后语说就是"老鸹落在猪身上——看到别人黑,看不到自己黑"(当然,这个歇后语有个前提,就是那是一头黑猪)。前面说的我那位朋友的例子,也是如此。他把赌博被抓被罚归咎于运气不好,却无视自己的责任——赌博本身就不对。这是典型的忽略自己责任的思维模式。

2. 坏人心态

就是忽略别人的优点,放大别人的缺点,以偏概全,认为对方一向就这个德性。小赵觉得生产部门一直就那样,要求高,但给的时间短。其实这是一种贴标签的思维模式,如同有些人认为的:纹身的人都是流氓,90后员工都很难管,政府官员没有一个不贪的,等等。这种思维模式十分有害,使我们无法冷静客观地独立思考。

3. 无助者心态

我没办法,没别的选择,当时只能那样。小赵就认为自己说出"爱找谁招,就找谁招"这样的话,以那种态度对生产主管,是当时情况下自己的唯一选择。生活中很多人也是如此:哎呀,当时吵架我是随手打了老婆,但当时太生气了,没得选择。处于无助者心态中的人,根本忽视了其他选择和做法的可能性。

消极心态是一种心理上的逃避

写完了这三种心态,你会发现,它们都是消极的。既然消极,为什么人们还会陷入这些心态,为什么不直接放弃呢?那是因为,这些心态在事情不顺遂或结果不好时,往往可以给你借口,让你感觉好受些,减轻你的负罪感。你看小赵说完上面的三点,就感觉轻松了,仿佛这次冲突自己一点责任也没有了。

我自己也深有体会。某年1月份,我去美国波士顿出差。登记入住之后,从酒店出来找地儿吃晚饭。走到一个路口,我看到街角有个两层的红色建筑,写着"上海楼",看着像是一个中国餐馆。我就在路口等着,想绿灯的时候过马路去这家餐厅。

这时,一个男人忽然走到我面前,用中文说"大哥",吓了我一跳。我下意识地说:"啊?"

那是个二十四五岁的中国小伙子,波士顿1月的傍晚很冷,他就穿了件单薄的夹克,看上去挺累、挺可怜的。他说:"大哥,我是从附近的城市来的,到波士顿找一个老乡。可是没找到他。我想坐公交车回去,但没有钱了,你能给我几块钱吗?"

如果一个中国人在国外朝你要几块钱买车票,你会怎么反应呢?我当时的反应是,上下摸摸了口袋,然后说:"不好意思，我身上没带钱。"这时，绿灯亮了，我快步穿过马路，进了上海楼。

在餐厅里，我选了一个靠窗的座位，透过玻璃看着那个站在街角的中国老乡，不禁心生愧疚。

按照我通常的原则，遇到这种情况，我是会帮助对方的。何况这还是在国外，中国人更应该帮助中国人了。再说我身上有钱，有很多钱，人民币这么坚挺，几美元对咱也不算什么。可是，我没帮他。

这时，我就开始用上面的三种心态安慰和开解自己：嗯，我没帮他，但这是有原因的啊。万一他是骗钱的呢？这种把戏在国内太流行了，看来也传到了国外（坏人心态）。再说，如果我真给他钱，万一我拿出钱包找零钱时，他一把把我的钱包抢跑怎么办？我出差的全部美元和信用卡都在里面，他抢了我，我人生地不熟的，去哪里追他啊？到时我不就成了他，只能站在街边要钱了。所以，我当时不给他钱，是唯一选择，没办法（坏人和无助者心态）。

想到这些，我放松多了，内疚感消失殆尽，喊服务生来一瓶青岛啤酒。

可让我意想不到的一幕出现了：那个中国老乡拦下了一个看似学生的女孩，应该是也说了同样的话。那个姑娘转身从挎包里拿出钱包，找出些钱，给了那个男人。

什么都没发生。那个男人也没抢那个女孩，看起来还说了谢谢。

一时间我羞愧不已。从衣着看，那个看似学生的女孩，可能还没我有钱。可她帮助了中国老乡，而我没有。我只能再次用以上三种心态开解和宽慰自己：我第一天来波士顿嘛，人生地不熟，那个女孩也许来了很久，自然觉得比较安全了。所以，我不帮忙也是可以理解的。

这个无助者心态，再次让我好受了些，我一口干掉了一瓶啤酒。

看吧，这就是为什么人们有这三种心态的原因，它们可以让你在做了不对的事情时，心里好过一些，负疚感减轻一些。

欲变世界，先变其身

那么，我们在职场和人生中，该如何用更积极的心态来取代这些消极心态，从而取得更好的结果呢？

我建议，可以迅速问自己两个问题来改变思维模式：第一，我要的是什么？第二，我现在可以做些什么，来实现我想要的？

同时，我提出了一个 ACT 行动公式：第一步，承认自己的责任；第二步，承诺去改变；第三步，采取行动。

如果能把上面两个教练问题和 ACT 公式结合运用，应该就可以解决生活中的绝大部分问题了。

试举一例。一天下班后我很累，就坐在沙发上看电视，老婆在厨房做饭。这时 4 岁的女儿跑过来，非要我跟她一起玩。我挺烦的，说你自己玩会儿。女儿不开心，撅着小嘴去找她妈。她妈在炒菜，也让她自己玩。结果她只能自己去画画了。

等饭好了，我说"闺女你洗手吃饭"，她却在那里一动不动。喊了几次，她还不动，我火了，叫她马上去洗手，否则今天别吃饭了。女儿磨磨蹭蹭去了洗手间，一边洗手，一边开哭，边哭边喊："你们谁也不陪我，你们谁也不爱我……"

那天我原本已经很累，听到她哭，就特别生气地喊："你马上给我洗完来吃饭，要不永远别吃饭了！"

这时，女儿从洗手间跑出来，扑上来就打我，边打边哭边喊："你是个坏爸爸，你就是个坏爸爸！"

我啪地把筷子拍在桌上，一把拎起她来，推到墙角："你还敢打我，就在这儿站着反省！"

女儿在墙角边哭边反省，我气得也没了食欲，坐在沙发上喘粗气。

过了一会儿，经常给别人讲沟通课程的我，开始问自己这样一个问题："鹏程，你要的是什么？"答案不言而喻，我要的是良好亲密的父女关系，我现在要的是一家人快乐地共进晚餐。第二个问题："鹏程，你现在可以做些什么，来实现你想要的？"顷刻间，我意识到我刚才的做法有多恶劣，我也知道自己该做什么了。

我同时用 ACT 行动公式指导了自己的行为。我站起来，走到女儿身后，把她搂在怀里。我说："闺女，爸爸刚才做得不好，我承认对你的态度很恶劣。爸爸以后会改变对待你的方式，也会更多地陪你玩。来吧，擦擦眼泪，不哭了，我们一起吃饭。"

听了我的话，女儿更大声更委屈地哭了一会儿，渐渐地，她的情绪好转起来，跟着我坐回桌边，一家人开始共进晚餐。

受害者心态、坏人心态、无助者心态,是职场和生活领域极其消极和害人的心态。我们需要改变自己的思维模式,更积极地看待问题和采取行动。

记住改变思维模式的两个问题:第一,我要的是什么?第二,我现在可以做些什么去实现我想要的?

以及 ACT 行动公式:第一步,承认自己的责任;第二步,承诺去改变;第三步,采取行动。

甘地说:"欲变世界,先变其身。"

如果你希望生活有所改变,就主动去做那个让改变发生的人!

心可以飞翔，脚要站在地上

周四中午，上海淮海路上的小城故事餐厅，我目睹了一场两个大师的对话。作为第三者，收益颇多。

C，某咨询公司《个人的有效生产力》课程讲授专家，辅导过的学员超过 600 人（该课程是小班授课，通常每期只有 8-12 名学员）。除了该课程，还给一些知名公司和机构作《魅力领导》培训。课酬不菲，是执行力培训方面的代表人物。

Z，情绪压力管理培训专家，心灵导师、教练，在身心灵修行方面造诣颇深。曾经出版过亲子关系方面的书，目前正在创作心灵自我疗愈主题的著作。

三个人一起吃饭，我坐一边，她们两个并肩坐我对面。这两个大师计划要合作，设计开发一个人员发展方面的教练体系。C负责整体规划，Z 负责该体系教练工具的设计。两个人因为 Z 的迟到展开一场对话，气氛有些紧张，但很坦诚。

《个人的有效生产力》是一门很务实的课程，强调执行。作为该课程的讲师，C 身体力行，非常目标导向，强调系统性。她认为 Z 不应该迟到，答应了约会时间就要守时。开发的这个教练体系，应该设定好一步步的行动方案，如同设计一个实体产品一样，在预期的时间内完成。

Z呢，对自己的迟到表示道歉，解释说没把这个教练体系设计放在优先的事务里面，她所期望的合作关系，是相对松散的、自由有弹性的。目标太明确、期限很紧迫的话，她会有压力，感觉被控制和强迫。

两个人谈了很久，我作为朋友，在对面偶尔插科打诨，发表下自己的看法。总体上我有一种强烈的感觉，就是：身与心灵的不和谐，不匹配。

人生的功课，无非是身心灵三个维度的修行。身指的是身体、物质、成就，心指心理，灵是灵性。

C是身修的典范，目标明确，一个成就一个成就不断实现。身修是生命的基础设施，身修得好，也就取得了所谓的成功。但只注重身修、忽略心灵成长的话，小我常常会跳出来作祟，人的格局，也就是心量、气量会不够大。而格局，决定了人的气度和最终成就的大小。

Z在心灵修行方面，已经走得很远。心灵修行是生命的上层建筑，探索生命的意义。心灵修得好，人会自由、平静、喜悦、幸福。但心灵修行也是把双刃剑，如果忽略了身修，人往往会飘，会空。

我认识一个年轻女孩，在灵性修炼方面走得很远。每次和她交流，她的眼里都充满着光芒，交流时谈到的词语都是宇宙、生命、空、无、大爱、解脱等。而一转身，当她回归现实时，遇到的却都是租房、煤水电、面包、男朋友这类俗事，她立刻从云端跌到了凡间。这种对比和反差，让她很难受。

有一段时间我没和她联系，前两天忽然得到消息：她和她的导师发起了一个建造心灵家园的活动,要在某个地方,修建一个独立的、桃花源般的世界。我不好直说,心里给了她祝福:你保重吧,不要走入邪路了。

人本主义心理学家马斯洛提出过需求层次理论,把人的需求由下到上分为五个层次,分别是生理需求、安全需求、社会需求(情感和归属需求)、尊重需求和自我实现的需求。他主张人只有满足了下层的需求,才能往更高的需求层次走。这个说法当然太绝对了,但普遍适用于人的发展。下层的基本生理、安全需求不满足,上层的需求绝对满足不好。

建议年轻的、还没有扎实修好身的朋友,别太早接触心灵修炼。至少,在三十岁之前,心智还没有完全成熟前,别接触身心灵。现实的残酷,会击碎灵性的美好。太早的修为,可能会让人陷入虚空,与社会脱节。没有物质的滋养,修到最后,还不到有人供养的地步,就无路可走了。

说到最后,身心灵要三修,不偏不倚,以出世的心,做入世的事,这就又返回老祖宗的中庸之道了。

让心灵和思想飞一会儿,双脚,还要踏实地站在地上。

不忘初心，方得始终

早晨打开手机，看到培训公司兄弟发来的微信，我的内心是崩溃的。

前几天，这个兄弟联系我："王老师，您能讲演讲技巧方面的课吗？我们在给一个证券公司寻找讲师。"

我立刻回复："没问题，这是咱强项啊。"

兄弟说："太好了！您有之前讲课或演讲的视频吗？我发给客户看看。"

我立即把我之前的一段演讲视频转给了他。每每有客户寻找讲师，我都会把这段视频传过去。每次都能征服对方，屡试不爽。我想这次也会如此。

万万没想到，这个兄弟发来微信说："王老师，这次恐怕没机会合作了。客户看了视频，说您讲课有口音，东北味太重。"

看到这条消息，我大笑三声，口吐鲜血，无言以对！

他们在找演讲技巧的讲师，又不是找播音课程的讲师，口音应该不是障碍。但我却没法辩解。我自以为，我发过去的演讲显示了我的水平。从这个角度说，我是对的。但客户也没有错，他们有自己的考量标准。

正所谓公说公有理，婆说婆有理。达不成共识，唯有一拍两散，各奔前程。

无独有偶。

一次给某个客户讲课，我也放了这段视频，因为我觉得自己演讲的内容，可以很好地诠释刚刚在课上讲授的概念。之前给其他客户讲课时，学员也很喜欢这段视频。

课程结束后，我收到主办方的反馈。主办方负责人说："王老师，建议您以后别再放那段视频了。我们有学员反馈说，老师上课放了二十几分钟以前的演讲，这不是偷懒吗？还有人说，老师这不是显摆吗？有王婆卖瓜的嫌疑啊。"

收到这个反馈，我的内心，也是崩溃的。

相信你也一定遇到过这种情况。你自以为某件事情是对的，对己对人都有益处。然而，收到的声音，却出乎意料，大相径庭，令你无所适从。你身先士卒，别人会说你出风头；你韬光养晦，别人会说你不勇敢；你不偏不倚，别人会说你没立场。真是你之蜜糖，他之毒药。

收到负面反馈后，我纠结了好几天。像我这种孔雀型讲师，的确不那么容易消化来自学员的批评。而开卷有益，最近通读了稻盛和夫的《活法》，在书中找到了答案。

稻盛和夫被称为"经营之圣"，他创办了日本京瓷公司和第二电信株式会社（日本仅次于NTT的第二大通信公司），这两家企业都曾经进入过世界500强。2010年，他出任日本航空株式会社会长，仅仅一年，就让破产的日航大幅度扭亏为盈。

20世纪80年代中期，日本国营企业NTT垄断着通信领域。为了引进市场竞争，降低高得离谱的通讯费用，日本政府决定允许新企业加入通讯领域。然而,要和独占通信事业的巨头 NTT 一决胜负,风险太大,没有一家企业敢于挺身而出。稻盛和夫决定试一试。但他没有立刻报名,而是一遍一遍地自问:"在我的参与动机里,有没有夹杂私心?"

他拷问自己:

"你参与通信事业,真的是为了国民的利益吗?真的没有夹杂为公司、为个人的私心吗?是不是想出风头,想要引人注目呢?你的动机真的纯粹吗?真的没有一丝杂念吗?"

稻盛和夫自问,是不是"动机至善,私心了无",借以审视自己动机的真假善恶。经过整整半年,他终于确信自己心中没有一丝一毫杂念,这才着手创立第二电信株式会社,并最终把它打造成可以和 NTT 分庭抗礼的通信公司。

稻盛和夫的做法,值得借鉴。那就是:回归初心,拷问动机。

我们或许到不了稻盛和夫的境界,没法"动机至善,私心了无",但做一件事情之前,或者听到不同声音时,至少可以想一想:我做这件事情的动机是什么?对别人有益吗,还是只为彰显自我?如果发心是善的,是为帮助和影响他人,那 do it!

即使有些私心,也并不为过。我们并不需要做牺牲自我、成全他人的圣人。我们只需要成为不作恶的、自利利他的平常百姓。

有这样一个故事:

父子俩进城赶集。天气很热,父亲骑驴,儿子牵着驴走。

一位过路人看见这爷俩,便说:"这个当父亲的真狠心,自己骑驴子,却让儿子在地上走。"父亲一听这话,赶紧从驴背上下来，让儿子骑驴，他牵着驴走。

没走多远，另一位过路人说："这个当儿子的真不孝顺，老爹年纪大了，不让老爹骑驴，自己却骑着驴，让老爹跟着小跑。"儿子一听此言，心中惭愧，连忙让父亲上驴，父子二人共同骑驴往前走。

走了不远，一个老太婆见父子俩共骑一头驴，便说："这爷俩的心真够狠的，那么一头瘦驴，怎么经受得住两个人的重量呢？可怜的驴呀！"父子二人一听也是，又双双下得驴背来，谁也不骑了，干脆走路，驴子也乐得轻松。

走了没几步，又碰到一个老头，指着他们爷俩说："这爷俩都够蠢的，放着驴子不骑，却愿意走路。"父子二人一听此言，呆在路上，他们已经不知道应该怎样对待自己和驴了。

人言可畏。

照顾濒死病人的澳大利亚护士布朗尼·韦尔，写过一本书叫《人临终前的五大遗憾》。书中她谈到，很多即将离世的人，排在第一位的遗憾就是：这辈子没过自己想要的生活，而只是活在别人的期望里。

所以，听到不同声音时，请扪心自问。如果初心是善的，那就咬定青山不放松，任尔东南西北风。

但行好事，莫问前程。不忘初心，方得始终。

别纠结，放手去做

上周在北京出差。

一天晚上，接到朋友小 J 的电话："哥们，跟你分享一个好消息。今天老板找我谈话了，说把 C 市分公司的工作交给我负责。"

我说："哇，太好了，你不正想多负责点工作嘛！"

小 J 说："对啊，今天真挺高兴的。这事儿还真得谢谢你！"

我明知故问："为什么要谢我啊？"

小 J 说："你还记得两个月前你给我做的那次电话教练吗？教练完我就找老板谈了，提出要多负责点工作。我觉得今天这事就是谈话的结果。"

我说："对啊，看出行动的力量来了吧。回头好好谢我啊！"

小 J 说："没问题，喝酒去，一醉方休。"

是的，两个月前，我曾经给小 J 做过电话教练。那天的教练过程大致如下：

我："今天这 45 分钟，你想谈什么话题？"

小 J："我最近觉得工作没什么挑战了，也想有所发展，所以打算跟老板谈谈，要求多负责点工作。"

我："有具体方向了吗，想多负责点什么？"

小 J："有了点想法。我现在负责公司 A 市这个部分的工作,想看看老板能不能把 B 市相同的工作也让我负责。"

我:"那如果用一句话概括,今天你想谈什么,想得到什么成果?"

小 J:"我想知道,第一,我该不该找老板谈?我不习惯和老板主动提要求,提条件,现在虽然有了想法,还在犹豫要不要说。第二,如果谈,我该怎么谈?我不知道怎么和老板张口,不知道怎么说。"

我:"那就是说今天教练之后,你要得出结论:第一,要不要谈?第二,如果谈,该怎么谈。"

小 J:"是的。"

我:"好,那我想了解下,你为什么现在有这个想法,要多负责些工作?"

小 J:"自我发展嘛。"

我:"能不能再具体解释下?"

小 J:"我也老大不小了,现在在部门是个小领导,想要在工作范围和职位上有些变化。"

我:"嗯,看来你是有自我发展的需要。那如果这次你的工作范围扩大了,职位也有了变化,对你来说意味着什么呢?"

小 J:"是对我的肯定和认可。"

我:"然后呢?"

小 J:"然后,我会感到成就感,觉得受到激励,工作也会更有动力。"

我:"哇,真好。你在犹豫要不要和老板提负责 B 市工作的事,我们来想象下,如果提了,会怎么样,不会怎么样?不提的话，会怎么样，不会怎么样？这个问题有点儿绕啊。"

小J："提了会怎么样？我觉得如果提了，有成功的可能，也让老板知道了我的想法。当然也有可能老板不支持。提了不会怎么样？提了不会影响和老板的关系，我们相处还不错。不提会怎样？不提的话，我就继续负责现在的工作，没有激情和动力。不提不会怎么样？这个想不到什么。"

我："怎么样，绕了半天，有些思路没？"

小J："已经明白了，我决定提了，提了就有可能，不提就什么也不会发生。"

我："好，第一个问题解决了。关于怎么提，我们来聊聊。假如我是你老板，你提出要负责B市的工作。我可能会问：你为什么现在有这个想法？你想一想，给我三个理由。"

小J："第一，XXOO，第二，XXOO，第三，XXOO（此处省去1500字）。"

我："可以再提炼一下，更精炼些。"

小J："第一，XXOO，第二，XXOO，第三，XXOO（此处省去200字）。"

我："很好，那再想想，给我三个理由，表明你有能力在做好现在A市工作的同时，管理好B市的工作。"

小J："第一，第二，第三，XXOO（此处省去500字）。"

我："太好了，看来你已经想得很清楚了。那这样，如果用1~10分来评估老板同意你负责B市工作的可能性，你会给自己几分？"

小J："我觉得，根据目前老板对我的评价，有7分的可能性。而且你刚才提出的这个问题,让我用三个理由表明自己有能力同时负责 A 市和 B 市工作,帮我理清了思路,我觉得和老板谈时更有把握了。"

我:"如果老板不同意呢,你会怎样?"

小 J:"那没啥啊,还好好干目前的工作呗。"

我:"嗯,很好。那你想什么时候去谈?"

小 J:"明天就谈,明天我有机会和老板接触。"

我:"那谈完告诉我结果?"

小 J:"没问题。"

那次电话教练之后,小 J 第二天就和老板提出了管理 B 市的要求,老板回复说考虑考虑。

在本文开头的电话里,小 J 说:"虽然老板这次让我管的是 C 市,不是当初提的 B 市,但还是扩大了我的管理范围,我觉得就是那次谈话的结果。而且,我从一个同事那里得知,将来公司要在我管的 A 市、C 市设一个区域经理的职位。"

我说:"太好了,也就是说你还有职位提升的机会。"

小 J:"是的。"

我说:"那好好干吧,用你的表现,去争取这个机会。"

那晚接完电话后,包括现在写这段文字,我都很有成就感。

在职场,我一直是个行动派,积极主动去追求自己想要的。也愿意,用生命影响生命,去鼓励别人大胆追寻。

更有成就感的,应该是小 J。正是他的主动,才有今天的收获。这个行动后的收获,也会促使他在今后的职场,更加主动。

而一个网友在我微博下留言："鹏程老师，我特别想争取一个工作，想了一个礼拜，也没敢行动，真不齿我自己啊。"我想，或许等她攒足勇气争取时，机会已经没了。

另一个朋友，面对味同鸡肋的婚姻，徘徊犹豫，纠结于离与不离，一晃几年过去，才发现最好的年华已逝，没有了太多选择。

习惯了纠结，习惯了等待，如金岁月，就这样被蹉跎了。

大前研一在《我的人生哲学》中讲道："想看什么就去看，想做什么就去做，想到哪里就去哪里；凡事心有所想，必定身体力行，这样才是完美的人生！"想到就勇敢去做！

纠结，是人生最大的成本。想到了，就去做。想要的，就去追。

职场和人生，拒绝意淫。

装着装着，梦想就成真了

《甲午风云》里扮演邓世昌的李默然老先生去世了。

微博上流传着这样一个段子：饰演李鸿章的王秋颖患肝癌，李默然获知后，立即乘飞机赶赴医院。但医生不准他进病房。双方争执中，忽听病房里王秋颖喝问："是谁在二堂外喧哗？"李默然一把推开众人闯进，趋步上前，单腿打千道："回大人，标下邓世昌，拜见中堂大人！"弥留之际的王秋颖紧紧攥住李默然的手，泪流不止，俄顷，溘然长逝。

这是一段非常有情的故事，两位演员真是入戏太深。很多优秀演员也是这样。传说梁朝伟演《色戒》的时候，因为需要深入揣摩角色，以致精神饱受折磨。他后来回忆："角色每天要审判和害人，日日都被人骂汉奸，又要经常骂人和凶残地毒打、踢人，令我好压抑并抑郁，觉得自己已经变成那么残暴的人，经常怕被人暗算，真是天天生活在水深火热之中。"

行为影响态度

是的，心理学研究已经证明，行为会影响态度。

当一个演员入戏太深，进入了角色，他的态度甚至思维模式都会受到角色影响，以致所思所想，所做所为，都和角色一致了，分不清戏里戏外。

现实生活中，我们也经常听说这样的故事：一对青年男女，最初只是开玩笑做恋人，玩着玩着，投入了；一个小伙子，春节回家为了让父母高兴，租了个女孩做女友，一来二去，两人假戏真做动了真情。

通常在我们的理解里，态度是主导的，它决定着行为。戴维·迈尔斯在《社会心理学》中给态度下定义说：态度可以界定为个体对事情的反应方式，这种积极或消极的反应，通常体现在个体的信念、感觉或者行为倾向中。比如某个人认为另一个人很讨厌（态度），那么他可能会不喜欢这个人，并因而做出敌视的行为。

而反过来，行为也会影响态度。这就如同角色扮演一样，那些处于特定社会位置的人被期望表现出某种行为，起初他们可能觉得这很虚假，但很快就会适应。

一个最著名的心理学实验就是斯坦福大学心理系教授菲利普·津巴多的"斯坦福监狱"。在实验中，津巴多用抛硬币的方式，指派一些学生做狱卒，给他们分发了制服、警棍、哨子，而另一些学生则扮作犯人，穿着令人羞耻的衣服，并被关进单人牢房。经过一天愉快的角色扮演，狱卒和犯人都进入了情境。狱卒开始贬损犯人，其中一些人还开始制造残酷的侮辱性规则。犯人则崩溃、反抗，或者变得冷漠。津巴多在报告中说："人们越来越分不清现实和幻觉、扮演的角色和自己的身份，这个创造出来的监狱正在同化我们，使我们成为它的傀儡。"随后津巴多发现事态越来越不可控,不得不在第六天放弃了这个本来计划为期两周的实验。

这是实验。现实中,也有美国士兵侮辱伊拉克战俘事件,以及前几年的反日游行里,某些国人不理智地打砸抢事件。这些都体现了行为对态度的影响。当一个人完全进入某种角色的时候,整个人格都改变了。

而道德的行为,特别是在个体主动选择而非被迫做出时,会影响道德思维和态度。

在美国加利福尼亚州,曾有心理学研究者假扮成宣传安全驾驶的志愿者,请求一些社区居民在自家院子里安放巨大的、印刷比较粗糙的"安全驾驶"标志。这种情况下,只有17%的人答应了。而对另一些居民,这些研究者则先请求他们帮一个小忙:在自家窗口安放一个3英寸的"做一个安全驾驶者"的标志。几乎所有人都欣然答应了。两周后,研究者再次提出要求,结果有76%的人同意在自家院子里竖立这个大而丑陋的宣传标志。之所以如此,是因为前面那个帮小忙的行为,影响了这些居民的思维和态度,让他们觉得自己是个有社会责任感的人。

弄假为何会成真

为什么行为会影响态度呢?戴维·迈尔斯认为主要原因有三个:

第一,自我展示——印象管理。

没有人愿意让自己看起来自相矛盾。为避免这一点,我们会表现出与自己行为一致的态度。加拿大心理学家曾做过实验。他们在多伦多郊区直接号召居民给癌症病人捐款,结果仅有46%的人乐意。而如果他们前一天邀请居民自愿戴上一个翻领别针宣传这项活动,那愿意捐款的人的数量就增加了一倍。

当人们承诺公开做出某项行为,并且认为这个行为是自己自觉做出的时候,他们会更加坚信自己的所作所为(态度)。

正如亚里士多德所言:"我们由于行使正义而变得正义,由于练习自我控制而变得自我控制,由于行为勇敢而变得勇敢。"

第二,自我辩解——认知不协调。

我们的态度改变,是因为我们想要保持认知间的一致性,尤其是在我们的行为理由不足时,我们会感到不舒服(不协调),因此就会调整自己的态度,更相信自己的所作所为。

2003年伊拉克战争的主要起因,是美国宣称萨达姆可能拥有大规模杀伤性武器。民调显示,战争伊始,仅有38%的美国人认为即使伊拉克没有这些武器,这场战争也是正义的;其他美国人则相信,他们的军队一定会找到这些武器。

可战争中,大家发现,萨达姆并没有这些武器。这让美国人的认知很不协调。于是一些人就修正了开战的主要原因:为了从萨达姆残暴的、种族灭绝的统治下,解放被压迫的伊拉克人民。结果,战后一个月,虽然没有找到大规模杀伤性武器,反而有58%的美国人仍然支持这场战争。他们自我欺骗、自我说服和辩解:是否找到大规模杀伤性武器无关紧要。

第三,自我认知和暗示。

我们判断别人态度时,往往是先观察他在特殊情境下的行

 职场基本功

为,然后将其行为归因于其态度。

类似的,我们可以像旁观者一样观察自己的行为。当我们的态度摇摆不定或模糊不清时,倾听自己的语言,就可以了解自己的态度;观察自己的行为,就可以提示自我信念有多么坚定。所以,如果人们发现自己答应了别人的一个小请求,他们可能认为自己热心助人,这个自我认知会导致后来答应别人更进一步的请求。

行为可以修正自我概念。即使是面部表情的变化,也可以影响态度和情绪。心理学实验中,让受试者紧皱眉头,结果他们报告说自己体验到了愤怒。德国心理学家弗里茨·斯特拉克和同事在1988年研究中也发现,当人们用牙咬住一支钢笔(会牵动笑肌)时,比仅仅用嘴唇含住(不会牵动笑肌)时,更加感觉卡通片有趣。可见被诱发出微笑表情的人体验到更多的快乐。

这也是为什么积极的自我宣言和心理暗示,会强化自信,推动行动。我们在倾听自己的语言,从而了解自己的态度。

用行为来影响自己的态度

写了这么多理论,那么,怎样把"行为会影响态度"这个理论应用到实际中呢?

第一,要想养成某种习惯,那就要付诸行动。

如果我们想在某个重要的方面改变自己,最好不要等待顿悟或灵感,要做的是立即开始行动——开始去写那篇论文,去打那个电话,去见那个人——哪怕我们非常不情愿那么做。所以有人

建议那些具有雄心壮志的写作者,即使冥思苦想毫无头绪,也还是要拿起笔来进行写作。写着写着,你就会发现自己的借口消失了,你会继续写下去,就像所有惯于写作的人那样。

第二,用积极的行为创造积极的心态。

皱眉会郁闷,微笑会快乐。以颓废的姿态坐一整天,唉声叹气,并对所有事情都回应以一种阴沉的声音,你的忧郁会一直持续。而大步流星走上一会儿,淋漓尽致运动一场,会让人斗志昂扬激情四射。我不是因为高兴而歌唱,是因为歌唱而高兴。

第三,让别人喜欢你很简单,只要找他帮忙。

对他人的积极行为会增强对那个人的好感。列夫·托尔斯泰写过:"在很大程度上,我们并不是因为别人对我们好而喜欢他们,而是因为我们对他们好而喜欢他们。"本杰明·富兰克林的经历也证实了这一点。他早年曾经有个反对者,后来他听说对方有一本非常珍贵的书,就写信恳求借阅,对方很爽快地答应了。一周之后,富兰克林如期归还图书,并诚挚地表达了谢意。等到两人再次在议会厅碰面,对方彬彬有礼,主动向他打招呼,并表示随时准备在任何情况下帮助他。就这样,两人成了终生的朋友。所以,要让谁喜欢你,就大胆去麻烦他。

第四,爱是一个动词,如果你想更爱他人,就要表现出你真的爱他。

爱的行为,会增强自我认知和暗示,强化爱的感觉和浓度。开始只是做戏的情侣,因为在一起吃饭、看电影、亲昵,也许就会慢慢入戏,最后真的相爱了。相伴多年的夫妻,因为相互关怀照顾,双方的爱也变得日渐浓郁。所以建议那些"剩男剩女",

不要等待那个完美的人出现才去爱，要大胆地去尝试，给别人和自己一些机会。爱是一个动词，爱的行为，或许会带来爱的感觉。心理学研究表明，见面频率多，会增强感情。一见钟情，大多只发生在电影里。生活中，更多的是日久生情。

态度会影响行为，行为也会影响态度。

要想成为什么样的人，你就装吧，装着装着就习惯了，装着装着就成真的了。

所以，无论追求一个人，还是追逐梦想，行动，或者说做，非常重要。

做梦，有了梦想再去做，当然最好。这是态度影响行为。

有时，做着做着，梦想会越来越清晰。这是行为影响态度。

把精力放在影响圈

一次,美国总部请了一个外部机构给中国区的总监们做培训,我坐在教室后面做观察者。

培训主题是比较大的"战略思考",讲师来自新加坡,水平很一般。到了下午,学员们一个个无精打采,昏昏欲睡。休息的时候,我看不过去,就到讲台前带领大家做了两个五禽戏动作,伸展伸展。

我下来后,作为学员的中国区销售总监大声说:"你动作做错了,不应该那样做。"我有点尴尬,说:"我是从网上下的视频,刚开始学。"

培训结束后,那位总监跑到我的办公室:"当时我不应该那么说,不好意思让你尴尬了。"我说:"没事没事,我的确刚开始自学。"他说:"我曾经拜过一位五禽戏师傅,跟你分享下那两个动作该怎么做,你现在还只是形似。"然后,这个清华毕业、又高又瘦的销售总监,就在我办公室教起了五禽戏。他打得确实好,在他的分享下,我觉得这东西自学还真不行,一定要找师傅。走之前,他从我那儿拿了个U盘,说回头给我拷些八段锦、五禽戏的视频送我。

晚上,我正在吃饭,又接到总监的电话,问我有没有今天那个讲师助理的手机号。我笑说:"干吗,要跟美女搭讪?"他说:"不,不,今天的培训做得不太好,我想给他们一些反馈,否则明天还这样讲的话,大家两天的时间就浪费了。"

挂了他的电话,作为中国区培训发展总监的我,稍稍有些自惭形秽:我觉得培训一般,但没想着收集大家的意见给讲师反馈。而他,主动这样做了!

初次见面,他分享五禽戏的热情,他给讲师反馈的积极主动,给我留下了深刻的印象。这样的人,要是不成功,那就怪了!

在《高效能人士的七个习惯》一书中,史蒂芬·科维提到了影响圈和关注圈的概念。他提出,我们每个人都有个影响圈,即我们能够直接控制和影响的事,比如我们的态度、行为;同时还有个关注圈,即我们可以关注但无法施加影响的事,比如天气、经济、他人的想法、老板的一些事。而一个主动积极的人,会将时间和精力放在影响圈里,看看自己可以做什么。消极的人,则会把时间和精力放在关注圈里,抱怨环境的限制和他人的不足,忽视自己的责任。

在此次培训中,就销售总监而言,培训师的水平和备课情况,是关注圈的事,他影响不了。但他没有如大家一样抱怨抱怨就算了,而是主动给讲师反馈,让讲师可以讲得更好,这个行为

则是他影响圈里的事。

关注影响圈的人有个习惯，就是在事情不顺遂的时候，不抱怨不指责，常常问自己：现在，我可以做什么，来得到想要的结果？

我在第一家公司时有位同事，和我一起加入公司做管理培训生。他常常抱怨总经理不喜欢他，公司环境也不好。他上班的时候，常常在电脑上一边开着 Excel，一边开着个小窗口看古龙小说。一个下午，他看着屏幕，手按着鼠标就睡着了，总经理正巧路过，拍拍他的肩："睡得不舒服吧？需要我给你搬张床来吗？"这位同事，就是典型的没做好影响圈里的事——好好工作，却抱怨别人和外界因素。

反之，如果一个人能集中精力做好能控制的事，那么他的影响圈就会越来越大，影响力也会越来越强。

非但工作，生活中亦是如此。2005年超级女声比赛后，一天我下班回家，发现老婆坐在沙发上，看起来很不开心。我问怎么了，她回说："你说气不气人？我们家春春（李宇春）到上海演出，一下飞机就被别人打了！"

原来李宇春去上海演出，歌迷太热情了，她一下飞机，大家都去拥抱，结果媒体乱报道，说李宇春被打了，这让我老婆这种玉米（李宇春的粉丝）很受伤。

我跟老婆说："唉，亲爱的，你们家春春，那是你关注圈的事，你关注关注就行了，影响不了，别让她影响了你的心情。你能控制和影响的是什么，你知道吗？是今晚炒什么菜！"

身处职场，如何胜出？就是在事情不顺遂时，不抱怨，不放弃，问问自己：现在，我可以做什么，来得到想要的结果？

一念之转,负担变机会

从香港出差回来,当晚住在了上海。

晚上和上海的一个朋友一起吃饭,她也是个培训师,代表课程是《情绪与压力管理》。

我和她吹嘘了一下这次香港之行,说培训很成功。一共14名学员,课后评估,平均分达到了8.2,有一个给了满分10分,还有一个给了9.9分。培训后,好几个学员还给我老板写了邮件,反馈说我是一个很棒的讲师。

她说:"那还真是不错。"

我说:"是,我很满意。不过这次培训最初我不想去,中间经历了一次思维转换。"

她说:"哦,怎么回事?"

我说:"这次培训本来没在计划里面,是老板临时安排我去的。我很不情愿,第一,这两个月的培训本来已经很多,出差挺频繁,不想再出去了。第二,对象是全球销售副总裁和他手下各大洲的销售总裁,是一群我们看来很挑剔和自以为是的家伙,不好对付。第三,用英文讲我不熟悉的主题MBTI(人员行为风格测试工具),挑战很大。"

她说:"那后来你还是去了?"

我说:"是的,我跟老板沟通,说我不想去。可老板坚持让我去,逃不掉。所以,我就开始转换自己的思维,重新看待这次出差:哇,这是一次多好的机会啊!首先,可以在一群这么高水平的人面前曝光。其次,我本来算 DISC 行为风格测试半个专家,对 MBTI 一无所知,正好趁这次准备培训把 MBTI 学习了,武器库里又多了门学问。最后,用英文讲课,逼着我再次练习下口语。想到这些,我情绪发生了很大转变,开始愿意接受这次任务了。"

朋友说:"哇,鹏程,你知道吗?你已经掌握了幸福职场和人生的秘密。我在《情绪与压力管理》课程里面也分享了这个秘密。其实很简单,秘密就是'一念之转'。同样的事情,你一转念,情绪就会有很大的改善。"

我说:"这么厉害?"

朋友说:"是啊,就是这一念之转,决定了人生的不同。一件事情如同硬币,有积极和消极两面。你喜欢看的是积极阳光的那一面,所以传递出来的都是正能量。而很多人会看消极阴暗那一面,传递出来的就是负能量。"

我说:"是的,那一转念,我就从消极被动变为了积极主动,从逃避推诿变成了乐于承担,从硬着头皮变成了满心欢喜。结果也很棒,不仅学员反馈好,我老板也发了邮件,对我大加表扬。她说知道这次是个很大的挑战,但我又一次表现出乐于接受挑战的态度,并且很努力地准备,高标准地完成了工作。老板还表示,非常开心这个团队有我。"

朋友说:"带着主动的能量去做事,往往会成功。越是困难，越是挑战，就越是机会。搞定了，你就涅磐了。"

的确是这样，生活中有很多类似的事情，如果你有的选择，当然最好。如果没的选择，那就不妨调整自己的思维模式，一念之转，把这个结果当作自己的选择，满心欢喜，或者至少心平气和地接受。

我的一个朋友辞职了。他是负责5S的，但他关于如何做5S的理念，和他的老板相差很远，所以，他提出的一些想法和所做的工作，很少能得到老板的认可，干着挺难受的。正好一个猎头拿着小铲来挖，他就跳槽了。

临走之前，我俩聊了聊。他无奈地和我说："鹏程，唉，在这儿干着挺不爽的，我的想法老板也不支持，没办法，只能辞职了。"

我说："兄弟，你离开，是公司开除你，还是你有了新的工作机会，自己选择辞职的？"

他回答："当然不是被开除的，是猎头挖的我啊。"

我说："那你还唉声叹气、叽叽歪歪干嘛？又没人逼着你走，是你自己主动离职，你咋还跟怨妇似的呢？"

他恍然大悟："对啊，我没啥好抱怨的啊。"

我说："是啊，你应该这样想：我的工作理念和老板有分歧，在这里我不能施展自己的想法，所以我选择离开。这是我的选择，而不是被逼的。"

听到这里，他整个人的样子起了变化，腰板也直了，浑身散发出光辉："是啊，是我选择不干的，这是我的选择，选择去别的地儿干。"

这个一念之转，他就从"不得不"的被动情绪，转为了自己能够选择的主动态势，立刻有了把握和掌控生命的感觉。

事实证明他的选择是正确的。他后来去了一家制药企业，工作很爽，经常给我发邮件："鹏程，我们公司福利可好了，员工打球、游泳等等公司都给报销。怎么样，你有没有跳槽的想法？我们人力资源正好有空缺，要不要我给你推荐下？"

这是职场，人生又何尝不是呢？

我有个哥哥，混得不太好，现在生活挺困难的。前两天给我打电话，要借五万块钱去买房。

接到电话，我挺郁闷的。父母这么多年就是我一个人养着，平时我也时不时接济他，可现在还来朝我借钱。而且，这钱借给他，按他的状况，能还给我的可能性很小。

之后冷静下来，我转念想了想：作为兄弟，帮助哥哥不是应该的吗？人生很吊诡，命运安排我过得比他好一些，这其实是个偶然事件。或许重新洗下牌，我就成了需要他帮助的兄弟。我有能力帮助家族里的亲人，也是件幸运的事情啊，有很多家庭，兄弟们都没有能力，只能眼睁睁面对苦难。对外人我们都可以毫不吝啬善良慷慨，对家人，更应该无私宽厚啊。

想到这些，我心平气和了。和老婆商量了下，把钱寄给了哥哥。虽然我知道，这钱应该回不来了，但是我再没有什么不良情绪。

钱，去了它该去的地方。

一念之转，天地大不同。

但我一向不太喜欢空谈玄妙的理论，下面介绍一个处理负面情绪的 PRP 步骤给大家，帮助各位去掌控自己的念头和情绪。

首先，全然接受（Permission）：接受自己的情绪，不管好的还是不好的；如有必要可以写下来。不去对抗情绪，全然地臣服。

然后，认知重建（Reconstructing）：把对一个事件的解释从负面转变成正面，看看它带来了哪些有价值的影响。

最后，全局展望（Perspective）：以更广阔、前瞻性的视角来看待眼前的情形。一年后我会如何看待这个事情？为了更长远的目标和我追求的结果，我现在应该采取的最佳处理方式是什么？

这三个步骤具有很强的可操作性，对于处理负面情绪相当管用。

一次，我从一个心理学教授那里得到一句话："世间的事可以分为两类。一类是好事，一类是暂时还看不到好在哪里的事情。"

半瓶子水，是"唉，只有半瓶了"，还是"哇，还有半瓶啊"，这完全取决于你看待问题的思维方式。

一念之转，这就是幸福职场和圆满人生的终极秘密。

第二篇
成功从规划开始

在《个人使命宣言》里,你可以写下自己最深的渴望、人生目标、什么对你最重要、你想过怎样的生活、想做出怎样的贡献。它就如同你人生的宪法,既是做出重大决定的基础,又是跌宕起伏人生的指路明灯。

职场基本功

人类永远无法阻挡梦想的力量

昨天,结束了为期三天的新精英生涯导师班的学习。

其间,古典老师安排了 PK 赛环节,学员们需要各自设计一段十五分钟的培训课程,然后分组 PK 对抗。

我们小组在第一轮 PK 中派培训经验最丰富的我出场,我也不负众望杀入了决赛,和另外两位学员争夺冠军。开赛前我虽然表面低调,但信心满满,因为我对自己的培训技巧相当自信。

结果,我输给了同学刘佳,一票之差。这一票,与其说输给了刘佳,不如说输给了追逐梦想的力量。

刘佳在我之后出场,这个清华大学的博士说要给大家分享一段自己的故事。然后她在 PPT 上展示了一组照片,那是她参加江苏卫视《脱颖而出——当家女主播》节目的真实记录。

刘佳说她从小就有一个梦想——成为一名主持人。后来她成了清华大学的博士,成了咨询师,成了母亲,但这个梦想从来没有泯灭。在孩子两个月大的时候,她得知了江苏卫视主持人大赛的消息,瞬间点燃了心中的梦想火花。她决定去试一试,决定挑战自己,决定让梦想照进现实。

她的坚定,得到了家人的支持。于是刘佳带着孩子和婆婆,从北京来到南京,从全国 1000 多名选手中突围,进入了 100 强。

遗憾的是，在继续晋级的比赛中，导演临时要求刘佳放弃准备了十几天的稿子，选择了另一个她不喜欢的题目，这影响了刘佳的发挥，她没能继续走下去。

结尾，刘佳给我们播放了她参赛时的视频。当时，给她灭灯的评委包小柏说了类似这样的话：你是一个两个月大女孩的母亲，应该可以分清什么是理想，什么是现实了。

刘佳回答说："做主持人，一直是我的梦想，即使我当了母亲，这个梦想一直没有泯灭，所以我会出现在这里。我也希望用自己的行动给我的孩子做个榜样，有了理想，就要去追求。"

刘佳的回答，太赞了！

PK结束后，六名评委投票，刘佳和我各得三票，打成平手！最后只能由这次培训班的导师古典来裁决冠军的归属。古典选择了刘佳。

之后我分享感受说："如果选手自己也有投票权，我也会把票投给刘佳。不是因为培训技巧，而是因为她坚定追逐梦想的感染力。人类，永远无法阻挡追逐梦想的力量。"

我们组来自北京某大学的一位老师曾跟我们分享了另一个故事。

她的一个学生，专业是地球物理，但超级喜欢画画，因此加入了校学生会宣传部。大二的时候，他在学校一次大型活动中设计的背景海报，得到《北京青年报》一位编辑的认可，得以进入报社实习。

大三那年，报社希望他能全职工作。这个来自河北承德农村的学生，面临一个人生重大抉择：是去干自己感兴趣的事，还是

硬着头皮熬到毕业拿到学位?

经过深入思考,在老师的帮助下,他说服了借债供他念书的父母,毅然决然选择了退学。

如今,在北京国贸,他已经创办了一家有二十几名员工的设计公司。

追逐梦想的力量如此强大,注定了他把平凡的人生过得不再平庸。

这次培训班上,一个叫海涛的小伙子让我印象十分深刻。

他是IT男,话不多。三天的PK赛,他都没有上场参加。但PK环节过后,也是培训的最后一天下午,他忽然站到大家前面,说要给大家讲一段课。

他先给我们讲了背后的故事。来参加培训之前,他看到通知说学员需要上台PK,所以要带一身正装。不太擅长表达的他,决定在培训班上挑战一下自己,一定要上台讲课。于是,他特地和老婆去商场买了衬衣西裤,换掉了IT男习惯穿的牛仔裤和凉鞋。

可是,一共三次PK赛,五人小组只有三个人有机会。每天讨论谁去PK的时候,组员有的主动请缨,有的积极推荐合适的选手,他也想讲,可一直没有勇气站出来说我要上。

眼看没机会了,海涛十分纠结。已经准备好要挑战和锻炼自己,难道就这样不做尝试,灰头土脸地回家?然后用这个结果强化畏首畏尾、缺乏勇气的自我认知?

他决定无论如何这次要上场。所以晚上返回房间,他准备了自己的PPT,希望在上课前或休息时候,找时间给大家讲讲。

可是培训安排得太满,他始终找不到机会。眼看没戏了,他和这次培训的组织人员谈起这事,工作人员和导师古典说了,古典决定:"下午的课,就由你的培训课开场!"

就这样,海涛实现了他来之前的想法,真正站在了讲台上。

三天培训结束的时候,同学们选了海涛做班长。他的真诚,他身上那股勇于挑战自我的勇气,他用行动实现自己目标的精神,感染了所有人!

后来海涛问我:"鹏程,你为什么选我做班长?"

我说:"我被你感动了。我还想送你两句话:

"第一,对自己的梦想和目标,要坚定。当你知道自己要什么,坚定地追求自己梦想的时候,全世界都会给你让路!而唯有把梦想说出来,人们才会知道怎么帮你。

"第二,此路不通时,问自己一个问题:我还可以做什么,来实现我要的目标?一旦这个问题问出来,此路不通的挫败感会立马消失,你一定可以找到办法。"

其实,第二句话,我没有对海涛说完。我还想继续表达的是:"如果我是你,没有机会在 PK 赛中上台,但很想锻炼自己,我绝对不会犹豫踟蹰,直接就会去找导师古典,要求给我上台的机会。"

想干,就去干,爱谁谁!

人类,怎么会阻挡追逐梦想的力量?!

你呢,是不是也有过瑰丽的梦想?

去追逐了吗?

或者是有过一些想法?

你行动了吗？

放手去做吧！

坐而思，不如起而行。没有行动，没有追逐，所有的一切都是意淫，都是镜花水月，都是海市蜃楼。

世界上最遥远的距离就是知与行之间的距离。有些人穷尽一生也达不到彼岸，有些人即知即行，同样的寿命却能创造无尽的精彩。

海伦·凯勒说："生命要么是一场大冒险，要么就是一无所有。"

放手去做吧，人类，永远无法阻挡梦想的力量！

《个人使命宣言》规划你的人生

人为什么活着？

在一期《非诚勿扰》节目里，一位中国农业大学的校友，面对给他留灯的谢羽亿（挺受欢迎的一个姑娘）和另一位女孩，以及他上场时选的心动女生，问出了这个问题。

三个女生依次回答之后，这位自己创业种植水果玉米、照顾失明发小的兄弟，因为没有听到满意的答案，哪个姑娘也没带走，自己主动离开了现场。

其实，在一个公众场合问出这种价值观层面的问题，有欠扁之嫌，现场观众也有些嗤之以鼻。不过，这样的问题，我们也经常会遇到，据说中国最有哲学思想的人是小区保安，他们总会对陌生人发问："你是谁，你从哪儿来，你要到哪儿去？"

你是谁，你从哪儿来，你要到哪儿去，这三个哲学终极问题，可以简单归结为一个问题：人为什么活着？

如果有人这样问你，你可能会觉得对方有病，问这种无数先贤把脑袋琢磨秃也没有定论和一致答案的问题。可是，作为有灵魂有思想的人，我们自己应该深入思考一下，我为什么活着？或者，我更愿意把这个问题改为：我该怎样活着？因为父精母血生了你，你没有选择不活着的权利。该怎样把这个长度有限的生命，活得更精彩，更有意义，活出无限的宽度，才值得好好考虑。

燕子在天空掠过，翅膀将划出飞行的痕迹；人在世上活过，脚步将串起生命的轨迹。当你作别西天的云彩，不，当你作别云彩去西天，你希望身后的人对你做何评价，你希望留下怎样的传承？世间万物如过眼烟云，你打算如何度过这弥足珍贵的莽莽人生？

2002年，我读到《高效能人士的七个习惯》一书，书里提到了"个人使命宣言"这个概念。在这个宣言里，你可以写下自己最深的渴望、人生目标、什么对你最重要、你想过怎样的生活、想做出怎样的贡献。它就如同你人生的宪法，既是做出重大决定的基础，又是跌宕起伏人生的指路明灯。

个人使命宣言可以是任何形式，诗歌、图画等等，亦可长可短，只要能够反映你的心声，明确你的人生意义和方向即可。它也不是一蹴而就完成的，可以随着你的年龄和境况不断改写。

下面是我从2002年第一次起草，经过无数次修改而成，一直指导我人生的《个人使命宣言》：

使命、准则、目标构成我的个人使命宣言。
使命就是墓志铭——做一个能够对他人产生正向积极影响的人。
准则就是我完成使命矢志不移的立场。
目标就是使命的细化，就是要完成的事。

使命——做一个能够对他人产生正向积极影响的人。

准则——我矢志不移的立场，用以衡量我行为的准则。

1. 无论做什么，都要发乎于心。
2. 看重大方向，不在意细枝末节。
3. 不断学习，以开放的态度面对一切。
4. 维持生命各方面的平衡。
5. 尽力帮助周围有需要的人。
6. 与人分享。

目标——我要完成的事：

家庭方面

1. 关怀父母，使他们老年安乐。
2. 爱妻子，让她幸福，不让她觉得嫁给我是个错误。
3. 引导孩子，成为她乐于倾心交流的朋友。
4. 女儿 10 岁以前，平均每周要花 10 小时陪伴她。
5. 规划晚年，不成为孩子的负担。

工作方面

1. 提供帮助和指导，助他人完成职业生涯规划。
2. 成为他人乐于共处的同事。

社会角色

1. 保护环境，尽可能减少浪费。
2. 帮助需要帮助的人。

自我

1. 每周至少锻炼两次，享受运动的快感。
2. 坚持阅读，每周阅读 1 本书。

3. 每天学点儿英语。

4. 每年做一次远途旅行，欣赏世间风物与美景。

5. 坚持学习。每年至少学习一个新课题，或一项运动，或开拓一个新领域，或者学会一门新技艺。

6. 每周独处静思一小时，追求内心世界的祥和与宁静。

我的价值观——圆融　无期许的爱

个人使命宣言，不是写给别人看的，它是自己的一面镜子。里面写的可能并不能完全做到，或阶段性稍有懈怠。时不时拿出宣言揽镜自照，你就能知道自己哪些方面做的不错，哪些方面得加强了，因为宣言指明了方向。

宣言的形式长短可以不拘一格。我个人的体会是，有一点必须做到，那就是具体。没有具体的、可以操作的行动指南，那些宏大的口号将毫无意义。

人生如一部没有刹车的车子，谁也没有办法让它停下来。我们唯一能做的，就是调整方向盘，让这部人生之车，驶向我们想去的方向。

人生最恐怖的，不是跑不到终点，而是你不知道终点在哪里。就用《个人使命宣言》，来规划那个想去的方向吧。

为什么你工作不开心？

想象一下：如果你中了大奖，拥有可以衣食无忧一辈子的财富，你是否第一件要做的事就是辞职？除了金钱，你还期望从工作中得到什么？

很多人在职场中不开心，原因可能就在于从工作中得不到自己想要的回报，职业价值观不匹配。

所谓职业价值观，也就是工作中我们看重的原则、标准和品质。它包括以下13项：利他主义、美感、智力刺激、成就感、独立性、声望地位、管理、经济报酬、社会交往、舒适（环境）、安全感、人际交往。

其中，前4项是内在价值观，即工作的内容本身，以及如何对社会做出贡献。后9项是外在价值观，也就是工作内容之外，能给你带来的影响或者好处。

我们先来看4个内在职业价值观。

利他主义：工作是为了直接替大众的幸福和利益尽一份力。比如很多人加入公益组织，虽然赚不了多少钱，但是他们觉得可以帮到别人，很有意义，所以乐在其中。那些选择去西部山区支教的，选择帮助残疾人的人，内心中往往是将这个价值观排在前面的。

美感：希望在工作中能不断地追求美的东西，得到美的享受。那些把一个产品做到极致的人，以及从事艺术创作的人，通常很看重这个价值观，甚至为了美，可以不惜成本，不计代价。像我们所熟知的乔布斯，就追求将苹果手机做到极致。

智力刺激：希望在工作中能够不断动脑思考，学习和探索新事物，解决新问题。看重这个价值观的人，可以为解决一个问题或者创造一个产品，废寝忘食。他们追逐智力的挑战，从解决问题中获得快感。

追求新意：希望工作的内容经常变换，使工作和生活显得丰富多彩，不单调枯燥。对这个价值观比较在意的人，跳槽的几率会比较高，他们忍受不了日复一日、年复一年没有变化的工作。

再来看外在价值观：

成就：希望在工作中不断创新，不断取得成就，不断得到领导与同事的赞扬，或者不断实现自己想要做的事。

独立性：希望在工作中能充分发挥自己的独立性和主动性，按自己的方式、步调和想法去做，不受他人的干扰。追求这个价值观的人，不愿意被人约束，喜欢独立自主完成工作。

社会地位：希望所从事的工作有较高的社会地位，能得到他人的重视与尊敬。这类人比较在乎声望，青睐的职业往往是教师、医生、培训师等等。

管理：希望获得对他人或者事物的管理支配权，能指挥和调遣一定范围内的人或事物。有这种价值观的人热爱管理人，他们要求的职位不一定有多大，但是一定要自己说了算，可以去支配他人。

经济报酬：认为工作的目的和价值在于获得优厚的报酬，使自己有足够的财力获得自己想要的东西，使生活过得较为富足。有这种价值观的人注重薪酬，为此不惜加班加点，放弃自己的生活。

社会交往：希望工作能让自己有机会和各种人交往，建立比较广泛的社会联系和关系，甚至能和知名人物结识。记者、企业公关人员往往持有这类价值观。

安全感：希望工作安稳，不会因为发奖金、涨工资、调动工作或者领导训斥而担忧，而经常提心吊胆、心烦意乱。有这种价值观的人，一般不愿意跳槽，情愿在一个安稳的环境中，按部就班地工作和生活。所以相对来说，国企、公务员会比较适合这类人。

舒适：将工作作为一种消遣，一种休闲或享受的形式，追求舒适、轻松、自由、优越的工作条件和环境。看重这种价值观的人，通常比较难以接受加班，也不愿为了高薪，花很多时间在通勤路上。能提供舒适环境的工作，比如高大上的写字楼、舒服的咖啡间，往往会吸引他们。

人际关系：希望同事和领导人品较好，相处时感到愉快、自然。有这种价值观的人，很难习惯勾心斗角、尔虞我诈的工作氛围。上下级和同事之间相处和谐的环境，才让他们感到满足。

那么如何知道自己工作中的价值观排行呢？你可以在网上搜索职业价值观测评，找到一些免费的网站进行自我测试，比如心理成长网站 https://types.yuzeli.com/survey/careervalues。

还有另一个更简单实用的方式，就是价值观罗盘，使用方法如下：

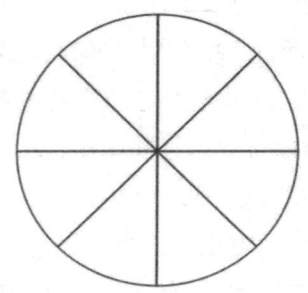

首先，选出 8 项职业价值观。

从前面的 13 项价值观里，选出 8 个你比较看重的，写在这个罗盘的里面。至于另外的 5 个，实在实现不了，对你来说也没有什么大问题。

接着，删掉 3 项，剩下 5 项。

你已经选出了 8 项价值观，不幸的是，现在你遇到了一份工作，没有办法满足 8 项，只能满足其中的 5 项，你不得不忍痛割爱，舍弃三个。你可以给自己 3~5 分钟的时间，思考你愿意舍弃哪 3 项。

然后，再划掉 2 项，剩下 3 项。

对不起，你现在能拿到的工作，连以上 5 项都满足不了，只能满足 3 项，你不得不再划掉 2 项。你会划掉哪 2 项呢？

现在你的罗盘里只剩下 3 项职业价值观了，一般来说，这就是你的核心职业价值观。你在工作中比较在乎它们，如果它们都实现不了，即使其他的价值观能满足，你也会感觉难受、没有动力、厌倦。

关于职业价值观,有两个建议给大家:

第一,满足核心价值观就好。

人是不容易满足的,这也是人类得以进步的原因。但关于职业选择,还是不要贪多,能满足核心价值观就 OK。比如,你注重利他主义,喜欢影响别人,也在意社会声望,享受社会的尊敬,因此选择了教师这个职业。那么就不要再贪图高薪酬等其他价值观了,否则会把自己搞得很累。毕竟,没有一项工作可以涵盖所有的职业价值观,成年人必须学会取舍。

比如,我很喜欢培训这个工作,当年在第一家公司做培训主管的时候,每个月只赚不到 3000 块钱。这时候有一个机会,是到一家飞速发展的房地产企业做行政经理,月薪给到 8000 块,是原有工资的两倍多。但那个企业工作压力非常大,真的是女的当男的使,男的当牲口使。而我很看重舒适和独立性这两个价值观。所以综合考虑之后,我还是忍痛放弃了那个企业的工作。

第二,先满足生存需要,再追求终极价值观。

人的职业生涯可以分为三个阶段,第一个是生存期,重要的是活下来。工作的前三年,大部分职场人都处于这个阶段。

之后是职业发展期,你选择了一个自己喜欢的职业,投入精力,不断成长。这大概是在 26 到 40 岁。

最后是梦想期。这个时期,个人有了一定的经济储备,经过多年的探索,终于知道自己想要什么了,知道自己最在乎的价值是什么了,可以选择去做自己喜欢的事,追求终极职业价值观。

最理想的状况，是从生存期开始，就一直做自己喜欢的事，符合终极职业价值的事。但这很难，很少有人那么幸运。

我的建议是：生存期和职业发展期，需要把薪酬这些价值观放在前面，把舒适等价值观放在后面。这就是常常讲的"不要在该奋斗的年龄选择了安逸"。

人生其实是分阶段的。先得生存下来，努力奋斗；再追求生活得舒适一些；最后，去实现生命的价值。这样，整个人生会走得更顺畅。

所以我不太建议刚入职场的年轻人去收入不多的公益组织做利他的事情。这件事情没有错，但是人生之路是很艰难的，金字塔顺序如果走反了，直接奔生命而去，没有生存和生命阶段做保障，就会本末倒置。当然，如果你家庭经济基础雄厚，那就另当别论了。

现在，发现你的优势

相对别人而言，你身上有哪些优势？这些优势是否能让你把一件有兴趣的事情做好？

可以说，一个人在职场上的优势是由三部分内容组成的。

首先是知识。很多我们懂的东西，很容易通过学习和搜索获得。比如，关于霍兰德理论，给你两个星期，不用请教任何人，你就可以通过上网、读书等手段，成为这个领域的知识专家。

其次是技能。也就是你能操作与完成的事情。知识很肤浅，技能则需要磨练才能获得。比如一个初次下厨的人，即使对照着菜谱，知道了某道菜各种材料的配比，也不意味着他就立即成大厨了。只有反复练习，才能做出色香味俱全的佳肴。

再者是天赋。这是优势最核心的部分，也就是我们所说的独特才干。天赋是自然而然反复出现、可以被高效利用的思维、感受或者行为模式。说起来有点绕，我们后面会再详细地解释。

知识和技能，决定了你是否能成为专家，把一件事情做到 60 分。而天赋则决定了你能否成为专家中的专家，高手中的高手，把一件事情做到 90 分。

那么，如何才能找到自己那些独特的天赋呢？这里我推荐一本书,叫《盖洛普优势识别器 2.0》。

盖洛普是一家著名的咨询公司,他们曾经在全球范围内访谈了各个领域的 1 万多名优秀人士。访谈的问题是:你是怎么做到这么优秀的?你身上的哪些特质或者是独特才干,让你能够脱颖而出,超越身边的人?

这些优秀人士,给出了林林总总的答案。比如有的人说,我特别擅长领导别人。有的人说,我很会分析问题。还有的人说,我特别擅长制定战略。

盖洛普公司收集了所有人的这些答案,进行整理分析,最终统计出了 34 个决定个体是否优秀的天赋,并将其分为 4 大类,分别是:执行力、影响力、关系建立、战略思维,具体如下:

执行力: 成就 统筹 信仰 公平 审慎 纪律 专注 责任 排难

影响力: 行动 统率 沟通 竞争 完美 自信 追求 取悦

关系建立: 适应 伯乐 关联 体谅 和谐 个别 包容 积极 交往

战略思维: 分析 回顾 前瞻 理念 搜集 思维 学习 战略

网上也可以找到免费的测评网址,http://www.apesk.com/advantage-detecting/,强烈建议大家做一下自我测评。当你通过测试,收到盖洛普结果的时候,它会对你的天赋进行详细解读,并且会告诉你,如何更好地在工作领域里发挥这些天赋。

以我的某个学员为例。她是一位职业女性,孩子在上小学。

她的前五大天赋,有四个都在"关系建立"类别里,分别是适应、关联、和谐、交往。

运用自己的这种优势,她和两类妈妈群体建立了良好的关系。第一类是学习群,大家经常组织读书会,还一起看话剧、听音乐会。第二类是吃喝玩乐群,大家经常在一起打牌、吃饭和八卦。

在这两个群体里,她都融入其中,活得很自在。自然而然,她成为孩子所在学校的家委会主力成员,很好地担负起学校和家长间的桥梁作用。无论是老师还是家长,都很信赖她。

再举个我自己的例子。我的测试结果中包含了五大天赋:前瞻、思维、理念、完美、积极。其中,前瞻、思维、理念是在"战略思维"类别里,完美在"影响力"类别里,积极在"关系建立"类别里。

由此分析,我有三个天赋在"战略思维"类别里,表明我在思考、制定规划方面具有前瞻性。而我没有一个天赋是在"执行力"类别,这就让我理解了,为什么我头脑里天马行空,各种想法,但执行力很差。当年我在外企管理员工的时候,对他们的要求不细致,不严谨,从来没有批评过下属,也没有具体的标准和规则来评估他们。

举出上面两个例子是为了说明了解自身天赋的重要性。只有了解了你的天赋,你才能知道,什么事情你能够做得更好,有什么事情你天生就比其他人做得好。

为了更好地说明这一点,我再举3个应用盖洛普测试结果的案例。

第一位是一个大区销售经理。他在接受销售目标后，总会全力以赴将其达成，上级非常信任他。他一旦承诺，总能如期完成，团队也很信赖他。这是因为他有责任这个天赋，骨子里就是负责的人。

第二位是一个全职妈妈，她要照顾两个孩子，负责孩子的衣食住行、课外活动，还要安排全家人的出行等等。有些妈妈遇到这种情况，就会手忙脚乱。而她总能处理得有条不紊，因为她有统筹的天赋，总能严谨计划，妥善执行。

第三位是一个产品经理。他总能设身处地理解别人的感受和立场，做出能满足客户需求的产品。这是因为他有体谅的天赋，自然而然地就会去体谅别人的需求。

这三位不同职业的人，因为恰好具备工作所需的天赋，所以在工作中游刃有余。可见，以自身天赋做对应的事情，才能充分发挥自己的优势。

关于天赋优势，我还要补充三点：

第一，接纳个体差异，不要理所当然地要求别人。

前面说过，天赋指的是那些自然而然反复出现、可以被高效利用的思维、感受或者行为模式。所以，拥有某种天赋的人，常常会认为这种天赋没有什么了不起，以为这是理所当然的事情，并进而要求别人。

比如那个拥有责任天赋的大区销售经理。对于负责这件事，他向来觉得是理所应当的，这有什么了不起吗？每个人不都应该这样吗？

我自己也曾陷入这样的误区。我有积极的天赋，于是我会想当然地认为，这有什么了不起的，不就是积极地看待问题吗？每个人不都该如此吗？

其实不然。这是你自然而然表现出的思考问题的方式，表现出的行为模式，是你的优势所在。而不具备这些天赋的人，并不会像你一样思考，或者表现出同样的行为模式。如果他们在这方面表现得不如你的预期，请记住，你不过是在这方面受到老天的眷顾而已，不要以你的标准来苛责对方。

第二，同样的天赋，在不同领域得到的结果不同。

比如，同样具备前瞻这个天赋，如果你是用在投资理财领域，那你可能会像巴菲特一样，能够很好地预测哪一家公司的股票具备升值空间。而如果你是一个母亲，你会对孩子未来的专业或职业，做一个很长远的规划。如果你是一个职场人士，你则会对下一个 3 年、5 年甚至 10 年后自己的职业发展，做清晰的安排。投入的领域不同，得到的回报自然也会不一样。

第三，天赋 X 投入 = 优势。

不是说我们具备了某种天赋，它就会自然而然地形成优势。天赋乘以投入，才会形成优势。

所谓的投入，是指大量的实践、练习，扩充知识，提升技能。

这里所谈的天赋，是指职场里边的才干，其实和其他天赋是一样的。

我在湖北有个弟子，他儿子从小记忆力超群。5 岁的时候，经过训练，可以在 7 秒钟内记住 54 张扑克牌的顺序，打破了当时的吉尼斯世界纪录。但后来，由于他性格比较顽劣，放松了练习，在这个领域再也没有取得任何突出的成就，而和他一起学习记忆力的孩子，却不断地在世界大赛上斩获好成绩。这是现实版的"伤仲永"。

所以，如果你有学习这个天赋，该如何把它变成自己的优势？学习能力强的人通常有着旺盛的求知欲，渴望不断提高自我。最令他们激动的，是求知的过程而非结果。为此，一些学习天赋突出的小伙伴，就像那些具有搜集天赋的人一样，具有强烈的占有欲。这时切记，一定要让自己的学习"功利"一些，围绕着选定的核心主题进行，而不是满足于浅尝辄止。如果你不持续地把学习到的东西，进行系统性地整理，并且不断找机会输出，那你的这个学习天赋就会慢慢减弱。

同样，如果你有思维的天赋，喜欢思考，那就要不断整理自己纷繁的想法，努力形成自己的思考体系。否则，如果只是以自己的想法丰富为荣，让它们如同夜空中的星星杂乱零散地分布，那么最后多半形不成什么优势，白白荒废了自己的天赋。

天赋是种子，需要我们补充相应的知识，具备相应的技能，用心呵护，精心培育，才能转化成相应的优势。

如何找一份既喜欢又能赚钱的工作

做着自己喜欢的工作,同时还能挣钱,这是无数职场中人梦寐以求的状态。但如何才能找到这样的工作呢?

霍兰德职业兴趣理论,可以帮助我们理清自己的兴趣所在。它由美国约翰·霍普金斯大学心理学教授、著名职业指导专家约翰·霍兰德于1959年提出。该理论认为,每一个人都有其独特性,兴趣、能力、价值观、性格等各有不同。而每一种职业或工作也有独特性,反映在工作的具体内容、需要的能力、所提供的报酬等方面。

个人的独特性和职业的独特性,都能通过评估工具测评出来。如果个人特性和职业特性是吻合的,个人和所服务的企业就会皆大欢喜。

经过研究,霍兰德将个人特性,也就是对职业的兴趣分成6种类型:R(实用型)、I(研究型)、A(艺术型)、S(社会型)、E(企业型)、C(事务型)。

你可以在网络上搜索到很多免费的霍兰德兴趣测评,比如APESK网站http://www.apesk.com/holland/index.html,它会生成电子报告,告诉你是属于哪种类型的。建议你先去网上做测评,再来看此文,否则下面对每种类型的解读,可能会让你先入为主，影响你测评的客观性。

六种类型的人分别适合做什么工作呢？

·**R型**：通常以任务和技能为导向，比较安静、务实，动手能力强。适合他们的职业有：技术性行业的工作人员、工程师、机械师、运动员、厨师、园林、电子、计算机硬件、医生，等等。比如我们知道的姚明，就是R型主导。

·**I型**：喜欢思考和分析，智慧，冷静，独立，客观，追求真理。常从事的行业和职业有：计算机编程、生物技术、数学、物理化学老师、企业咨询等等。大学校园里经常看到的那些戴着厚厚眼镜的硕士、博士、博士后，很多都是I型主导的。爱因斯坦、霍金、居里夫人，也是这种类型。

·**A型**：追求美感，喜欢自我表达，有想象力，敏感，敏锐。常从事的工作有：编辑、作家、歌手、演员、手工艺人、平面广告、服装设计、艺术品鉴赏等等。三毛、张国荣、乔布斯，都是A型主导。

·**S型**：以和谐和服务为导向，喜欢跟人互动，具备良好的人际技能。常从事的工作有：教师、护工、学校辅导员、企业人力资源师、培训讲师、心理医生等等。S型通常具有助人和济世的情怀，拥有大爱。如甘地、特蕾莎修女，会把自我的需求降得很低，而去做更多有益社会的事情。

·**E型**：具备领导力和影响力，精力充沛，愿意管人，愿意开拓市场，愿意征服，有说服力。通常从事的工作有：销售、市场、创业、金融等等。他们是一群不安分的人，勇于创新，愿意承担风险。我们熟知的成功企业家，通常都是E型主导。

· C 型：追求安全和稳定，愿意服从，讲求实际，比较保守，喜欢结构性、程序性工作。这些人不喜欢换工作，不喜欢太大的变化。比较适合他们的职位和工作有：公务员、财务、行政、客服、物流、统计、调查员，等等。

如果测评之后，你发现霍兰德类型和自己目前所做的工作并不匹配，那有两种解决方式，一种是离开，找到适合自己的工作；一种是平衡，工作内实现不了自己的兴趣，就去工作外寻找补偿。

比如我的一个朋友是公务员，在审计局工作，属于 A 型。他受到家庭的压力，无法辞职，于是就选择白天在单位上班，下班后到当地的酒吧去弹琴唱歌，很好地平衡了工作和个人兴趣。

我曾经在一篇文章中作过这样一个比喻，假如这六种性格的人去 KTV 唱歌：

抱着话筒就放不下来的那些麦霸，通常是 A 型主导的。

组织大家轮流唱，一人一首成名曲的，通常是 E 型。

别人唱，自己一定跟着唱，尤其是副歌部分，这种往往是喜欢社交、愿意和人打成一片的 S 型。

有一种人，一直特别害怕："唉，一会要到我了，一会要到我了。"这种通常是 C 型主导的，不太爱表现，喜欢规规矩矩，老老实实。

有一种人，一进歌厅，就去摸索点唱机："哎，这个挺有意思。可以用歌手的名字来点歌，可以用拼音点歌。这些按钮一按，可以发出鼓掌声，还可以降调……"这种通常是 R 型，喜欢机械，喜欢研究。

最后一种人，大家都在唱的时候，他会待在自己的世界里，

冷眼旁观,这种通常是 I 型,喜欢沉浸在自己的世界里。

关于霍兰德职业兴趣,有两点要强调:

第一,不同类型的组合,会把同样的工作做出不同效果。

当你做完网络测评,你的六种类型会有一个排序。比如我就是 S 型最高,其次是 A 型,再次是 E 型,而另外三种排在后面。

做职业探索的时候,排在前三位的类型所适合的职业,你都可以从事。比如我可以胜任适合 S 型的那些工作,也可以胜任适合 A 型和 E 型的工作。

不同类型的组合(指排在前三位的类型),会把同样的工作做出不同效果。还是拿我来举例。我的主业是培训师,这是 S 型适合的工作。我既是培训师,又是作者,和其他培训师有很大区别,而写作就是 A 型适合的工作。其他培训师可能满足于讲别人设计好的课,而我一定要创造出自己的课程,这就体现出我的 E 型,排在第三位。

再比如,如果你的 R 型排在第一位,那医生是适合你的职业,你可以动刀给人做手术。如果你的 A 型排在第二,表明你也适合做和艺术相关的工作。R 型和 A 型组合,那就意味着,你给人做完手术之后,如果缝针的话,会力求缝得很好看,不是马马虎虎缝上就好,甚至会打成一个蝴蝶结。

而排在后三位的类型所对应的工作,你很难有兴趣,或者很难胜任。

第二,每种突出特性都适合多种职业,不同职业回报不同。

我们怎样找到那些既能发挥自己兴趣,又能赚钱的工作?这就需要你的思考了。比如 S 型主导的人适合很多工作，包括教师、客服、行政、人力资源等等，但是每种工作的回报明显不同。

举例来说，我在一家公司人力资源部门工作时，有一个同事是招聘专员。工作两年后，他跳槽去了一家公司，担任行政主管。

虽然职位有升迁，但我们对他这个选择表示很难理解。从他的兴趣特征来说，人力资源、行政都适合他。但是从职业的回馈来说，做人力资源工作，随着时间和经验的积累，最后会成为一个专家，获取的回报远不是做行政所能比的。一般来说，除非是在一个特别大的集团公司，否则行政是不太需要专业技术的，对专业能力要求不高。如果把时间拉长，显然一个人力资源总监要比一个行政经理薪资更高。所以从行政往人力资源跳是通常趋势。而从人力资源往行政跳，就让人犹豫了。

果然，前一段时间老同事聚会，之前我们做人力资源的这些人，现在工作发展普遍不错，都成了专家，赚的钱也不少。而跑去做行政的那个兄弟，虽然已经是行政经理，但工资远远没有我们高。

这给我们的启示是，你要在适合个性的工作里边，选择长期来看更有技术含量、更专业、更能给你带来经济回报的工作。

 职场基本功

善用圆方规划图，突破蘑菇定律

我在一家公司负责员工发展时，曾经和一个已毕业四年的大学生交谈过，当时这个同学抱怨说："我已经工作四年了，但现在干的活儿，好像刚毕业那会就能干。工作职位也没啥变化，工资也没涨多少，而且到现在也没女朋友，还是自己一个人。这四年，感觉白过了。"

我问他："那你今年在工作上有什么目标？生活方面又有什么计划，想做哪些改变？"那个兄弟答："我也不知道。"

我给他建议，后来也无数次给过其他新人这样的建议：从现在开始，每年设定几个目标，有工作方面的，也有生活方面的。然后克服困难和与生俱来的惰性，努力实现它们。我敢保证，几年后你再看看，你的工作和生活，一定大不同！

职场新人，一般都会经受"蘑菇定律"的摧残——因为没经验还干不了啥重要的事，再碰上不太关注新人的老板，往往打杂跑腿不受重视，如同生长在潮湿环境里的蘑菇一样，无人问津，自生自灭。

越是外界环境恶劣，就越需要坚强的内心来支撑自己。当你没有指路明灯时，每年为自己设定目标，明确努力的方向，就显得尤为重要。

圆方规划图

这里，向大家介绍一个我用了十年、相当有效的工具——圆方规划图。

如图，一个圆被等分为8个部分，每个部分都是对我们职场人士非常重要的目标。

· **职业发展**：在目前的职位上，你要如何精进和成长？如果你不喜欢现在的工作，下一步的职业转换计划是什么？

· **财务**：很简单，这一年要赚多少钱，要存多少钱，要做一个什么样的理财规划？

· **朋友及他人**：包括朋友、社交和父母在内。为什么把父母放在这里，而不是家庭那项？主要是因为，中国人的很多不幸福，都源于与上一代割裂得不够清楚。比如上一代往往把自己幸福与否寄托在下一代身上，给下一代造成了特别大的压力。年龄稍微大一点的单身男女对此应该深有体会，过年往往不愿意回家，因为父母会天天唠叨：你赶紧找对象吧，赶紧结婚生孩子吧。而下一代也往往特别看不惯上一代的一些作风，比如很烦老爸抽烟，也看不惯老妈在市场买便宜的菜。

· **家庭**：对亲人的陪伴、家庭下一年度的大事等等。如果你已经结婚，这个家庭就是指你的小家，老公/老婆和孩子。

· **健康**：包括运动、饮食、睡眠等等。

· **娱乐休闲**：就是业余爱好、吃喝玩乐。

· **个人成长**：它比职业发展的范围更广，职业发展更多聚焦于现有和未来职业，而个人成长更宽泛，指的是通用能力和综合素质的提升，比如读书、写作、学演讲、学PPT制作等等。这些能力不仅仅有助于你现有的职业，而且在未来任何职业领域都用得上。

· **自我实现**：关于梦想。就像汪峰在《中国好声音》里经常问选手的那个问题："请告诉我你的梦想是什么？"我总是鼓励年轻人要去追求梦想，不断挑战和突破，做一些引以为傲的事情。否则，当你老了，跳广场舞或跟别人打麻将的时候，或者孙子孙女绕膝时，你拿什么来"吹嘘"呢？你总不能说我当年看了1000多集韩剧，或者打了多少关游戏吧？你可以"吹嘘"的是，爷爷奶奶当年走过多少城市，登上过多少座山峰，或者跑过多少马拉松，或者练过马甲线。年轻的你每年都该制订一些计划，去实现你内心深处最强烈的渴望。

这8个方面，是我通过多年研究职场人士得出的主要观点。你也可以根据自己的状况随意调整，改成你最在乎的内容，甚至不用分成8项，6项、4项都可以，那是你的人生，你说了算。

每年设定几个目标

那么,该如何使用圆方规划图呢?

第一步,评估满意度。

圆方规划图里的每一条直线上都是有刻度的,圆心是 0 分,每个刻度是 1 分,满分 10 分。下图为 2018 年我对各方面的满意度。你也可以依照我的方法,对过去一年或半年在每个方面的满意度做一个评分,并且涂色。涂色后会形成一个图形,显然,圆形是比较理想的状况,表示你的生命比较平衡。但不必要求每个方面都要得八九分,得个六七分,就已经比较圆满了。

第二步,设定期望值。

接下来,用彩笔画出下一年度你的期望,每个领域你希望提升到几分。建议不要每个方面都提升,因为人的精力有限,面面俱到不太可能。比如,你能看到,2019 年我想着重提升的方面是健康、娱乐休闲和自我实现。

第三步，也是最后一步，制定新目标。

对下一年有了期望，希望满意度达到多少分，那怎么实现呢？这就要求我们在每个方面制定一些具体可行的目标，如果实现了，到年底再评估的时候，满意度就能够达到自己想要的样子。下图就是 2019 年我的年度目标。

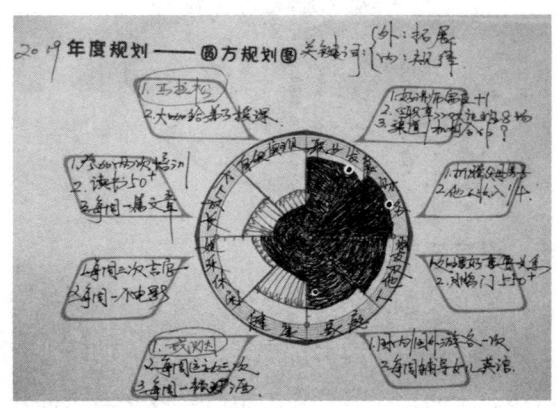

需要注意的是：每一个领域设定的目标不要太多，尽量不要超过三项，因为目标太多的话，你的精力会分散，并且，不太可

能全部都实现。

看得见的成功路径

这个工具我已经使用了十年。每年元旦那一天,我都会跑到家人找不到的地方,去回顾上一年工作和生活的状况,评估一下满意度。然后思考新的一年,我希望在哪些方面有所改善。最后制定出具体的行动目标。这个工具帮助我清晰地知道今年努力的方向,并且促使我践行成长型思维,今年一定要比去年更成长一些,明年一定要比今年更进步一些。

说到这里,我想分享个小故事给你。

在一个小岛上有个香蕉园,香蕉成熟时,岛上的猴子经常来偷食,让岛民们头疼不已。后来岛民想出一个办法,在椰子上打一个猴爪大小的洞,倒空里面的椰汁,放上一种猴子特别喜欢吃的甜米,然后用结实的绳子拴在香蕉树上。

晚上,猴子们又来偷香蕉。一只小猴子忽然看到头上有个椰子,它好奇试探几次,闻到椰子洞里诱人的甜米味道,完全忘记了香蕉的事,终于抗拒不了诱惑,伸爪子进去握住了那团甜米。洞口的大小只能容爪子进去,进去是进去了,但握住甜米攥成猴拳,就退不出来了。猴子百般挣扎,想连椰子一起扯下来,可椰子牢牢系在树上,动弹不得。其实它只需要将手里的甜米松开,就可以挣脱。可甜米的诱惑太大了,猴子怎么也舍不得。就这样折腾一夜,直到第二天被岛民生擒活捉。

猴子是多么容易分心啊,本来它们是要来偷香蕉的,但半路

职场基本功

受到了吸引,分了心,就忘记了自己想要什么。

我们也是一样。如果年初不制定核心目标,随着时间的流逝,我们可能无所适从,被其他看似紧急的事情分了心。这就是制定年度目标的重要性。

那么,在使用圆方规划图的时候有什么要注意的呢?

第一,价值观决定了每一项投入的时间和精力。

比如,一个事业心比较重的人,可能会把时间和精力更多投入到圆方规划图的上面4项,即财务、职业发展、个人成长和自我实现。而娱乐休闲方面,他觉得一周能打一次台球就很满意了。而把家庭和生活看得比较重的人,就会比较注重下面的4项,即健康、家庭、娱乐休闲、朋友及他人,而相对忽略上面向外拓展的4项。

第二,所谓的平衡是长期动态的平衡,而不是每年都平衡。

如果你是一名女性,到了一定的年龄,想要结婚生孩子,那就不需要每年都在家庭和事业上投入相同的精力。可以这两年更多地聚焦在生孩子和养育孩子,而在职业上投入的精力相对少一些。等孩子稍微大一点,再更努力地去工作。只要保持长期动态的平衡就可以了,不需要每年都全面投入自己的精力,不然会累得喘不过气的。

第三,得分高低跟期望值紧密相关。

比如财务方面,我打了10分,这不是说我赚了特别多钱,而是我去年的目标就是要攒1万块钱,我实现了,那我就完全可以打满分。或者职业发展,我去年的目标就是想做一个团队的小领导,我实现了,我也可以打10分。分数高低和期望值紧

密相关。

　　我的很多学员运用了圆方规划图来规划一年的行动,收到了极佳的效果。一年做的事情,顶过去三年。比如去年6月份,我收到一个学员的微信。她本职工作是大学老师,工作之余还要照顾两个孩子。她用这个工具,不但完成了两篇论文,而且还有更多的业余时间,有规律地去健身。现在她已经自己开训练营,带动更多的人来制定年度目标,提升每年工作和生活的效率。

　　相信你学会圆方规划图后,生活质量也会有很大的提高。

 职场基本功

"Y"下面那一"竖",谁也逃不掉

一位年轻朋友发了条微博:"我讨厌论资排辈!"

我跟了条评论:"少不更事时,你讨厌;资历较深、地位较高时,或许你就会喜欢了。"

想一想吧,现在这些能享受资历和辈份带来的福祉的人,当年或许也曾如这位朋友般愤慨过。经过多年的磨砺,人家熬啊熬,才终于熬成了阿香婆,凭什么到你这里,你就不按规律出牌,不按辈份说事了呢?

万事皆有规律,职场亦如此。

我曾在一家公司负责大学生培养项目。这些孩子经过一年的车间轮岗实习后,我们人力资源会和他们做一次面谈。其中会有这个问题:你将来想走管理路线,还是专业技术路线?

问这个问题,主要是基于职业发展的"Y"模型:经过一定的经验积累,人们在职业领域可以走向不同的两个路线,如同Y上面的两个小枝丫。一条通向管理,一条通向专业技术。

大部分学生都倾向于选前者,要做管理人员。没有多少人愿意继续留在生产一线磨砺,一个个恨不得立刻调到管理部门,就任管理岗位去管人。

关于职业发展的Y模型,我想特别说明如下两点:

1. 没有所谓的管理部门，只有管理岗位。

管理和专业技术两个分支，主要是按工作内容和时间分配多少定义的。管理人员一般用职位区分，职员、主管、经理、总监等等。专业技术人员一般用职称定义，一级工程师、二级工程师到高级工程师等等。没有所谓的管理部门，比如人事部门的招聘专员、薪资专员等，都算专业人员。我当时的职位是中国区培训发展经理，听起来是个管理职位，其实不带人，不做太多管理工作，主要是讲课，所以我实质上是专业人员，专业培训师。项目管理部门的项目工程师，也是专业人员。而生产和技术等部门的主管等等则是管理岗位。

2. 管理和专业技术两个分支没有优劣，看你更适合哪条路线。

不少中国人一直有官本位思想的余毒，念了很多年书，不管在什么环境里，总想打破脑袋去考公务员，所以很多人都奔着管理岗奋斗。但其实兴趣和特质方是王道。领导是天生的，还是后天培养的，这个问题一直存在争议。我的观点是天生的因素占更大的作用，所以不是每个人都适合管理岗位。以我来说，我就觉得自己更适合做培训这个专业工作，不适合管人。幸运的是，如今的社会对专业技术人员越来越重视了，高级工程师的收入完全可以和一般的经理相媲美了。

言归正传，关于职业发展的 Y 模型，我要表达的最重要观点是：无论走哪个枝丫，管理还是专业技术，Y 下面这一竖，这个沉淀和积累的过程，谁都逃不过。没有这个过程，上面的两个枝丫就无从谈起。

我的朋友小温就有这样的经历。刚毕业那年，他的职场体验十分灰暗。他就职于一家生产混凝土的合资公司,作为管理培训生在生产部门轮转实习。作为充满浪漫主义情怀的文科生,他想象的外企是男士西装革履,女士衣香鬓影,错落有致的格子间飘着咖啡的香醇。而现实是:混凝土搅拌站里,机器轰鸣,车声隆隆,空气里弥漫的都是水泥粉尘。

他的工作,和工人一样,是坐在操作台上操作电脑配混凝土,或者拿着铁锨铲沙子。理想和现实的差距,如此的残酷,理想很丰满,现实太骨感。

很多次,下午的时候,他偷偷溜出去,躺在离厂区不远的沙堆上,望着蓝天发呆:这就是我要的生活吗?我为什么会在这里,过着这样的日子?怎么着我也是大学毕业,为什么在这儿和中专毕业的人干同样的体力活?

小温一直有写日记的习惯,好在那时,有日记为伴。小温每天都在日记里写这样的话给自己打气:"现在的日子,是成长的必经之路。你现在的体验,未来必定是一笔财富。如果现在挺过去了,将来,还有什么困难能打败你呢?所以,小温,要挺住!"

三四个月的样子,他慢慢从情绪的低谷爬出,成功调整了自己的心态,真就把自己当操作工了。和他们干一样的活儿,吃一样的饭,穿一样脏脏的衣服,下班一起打牌喝酒吃羊肉串。很快,小温直接当工人顶班了。

一年半之后,生产经理已经完全接受和认可了他,他找小温谈话:"我以为文科生的你,熬不了多久就得走。没想到你能挺过来。你好好干,如果机会合适,未来我可以考虑让你试试分厂负责人的位置。"

后来因为别的机缘，小温调离了生产部门，最终去了人事部门。但回首整个职业生涯，开始的一年半，是小温收获最多的时光：他真正了解了生产，了解了工人；吃了很多的苦，才懂得了后来生活的甜；经历了磨难，也就铸成了坚韧的意志和强大的心。

一位年轻人来到禅师面前，抱怨自己总是得不到别人的认可和赏识。禅师听后抓起一把沙子，松手让沙子落在沙滩上，说："请把我刚才撒落的沙子捡起来。"年轻人回答："这怎么可能？"禅师随后掏出一颗珍珠扔下："请把珍珠捡起来。"年轻人轻而易举就找到了珍珠。禅师说："明白了吗？如果想得到别人的认可和赏识，你首先得是颗珍珠！"

论资排辈，是职场潜规则。如果想不被潜，想不按辈份资历说事，你就必须如珍珠般足够闪亮，足够优秀，方能不走寻常路，脱颖而出。

不幸的是，我们大都是资质平常的一般人，普通如一粒沙。那么，职业生涯Y字这一竖，谁都逃不掉。

这一竖，就是那段我们最恨论资排辈的煎熬经历，就是我们满腔热忱准备大干一场其实又干不了啥的过程，就是黎明到来前最黑暗的时光。

我们能做的，就是调整自己的心态，不去期望一步登天一口吃成个胖子，坚韧隐忍，不急不躁。在磨难中自我激励，尽快将自己磨砺成闪亮的珍珠。

 职场基本功

成长首先是自己的事

前段时间在周庄旅游,晚上无聊浏览电视,看了一段天津卫视的节目《非你莫属》。这是个职场节目,由张绍刚主持,候选人在台上表现,下面坐着几家公司的老板。候选人与公司相互选择,候选人可以现场得到工作机会。

其中有个东北女孩很有意思,最后有两家公司愿意要她,她需要决定去哪一家。当时她反复询问其中一家公司的老板(这个老板是她的东北老乡)一句话:"您说您愿意培养我是吗?"

当时人众人公司的老板、人力资源专家杜葵在现场,给这个女孩建议:"希望你能调整一下心态,发展首先是自己的事,是自己的责任,不能过多依赖别人。"

的确,这个女孩的心态,可以称之为职场的"托付心态"——把职业发展托付给公司、老板、其他人,而忽视自己的责任。这种托付于人的做法,在过去的中国社会十分普遍,常有家长将孩子带给朋友并嘱咐一句:"这孩子以后可就托付给您了!"

而在如今这个竞争的年代,如果你不是富二代,就不能把发展托付给别人。我们要永远记住一点:发展,首先是自己的责任,其次才能靠公司、老板和他人。因为除非公司有良好的人员培养体系,你又足够优秀,能够被选入这个体系,或者你能遇到有育人意识的上司,否则,没人会主动来想着发展你。大家都在琢磨自己那些事,谁会在乎你?

那么，我们有哪些方式可以自我发展呢？其实选择很多，可谓条条大路通发展：

1. 参与项目

除了日常工作，公司里常常会有一些临时性的重要项目。这些项目有的是部门内需要跨团队完成的，有的甚至需要公司内跨部门合作。如果有时间和精力的话，不妨申请进入这样的项目组。即使不能承担主要工作，也混个参与。这样不仅可以积累新的经验，也可以认识公司里更多的人，建立人脉。

2. 岗位轮换

可以找适当机会，去部门内其他岗位轮转一下，甚至是跨部门轮转，时间是半年到一年。注意，是全职轮转，就干那个岗位要干的全部工作，而不是观摩和实习。或者在干自己工作的同时，去涉及另一个岗位的核心工作。这是自我成长十分有效的方式。比如我的朋友小温，曾经在做培训的同时，负责了招聘团队的一部分工作，拓展了他对人力资源的理解。不过这样做的前提是，你已经把自己岗位的事充分搞定了，这样老板才会支持你去尝鲜的不安分想法。而且要清楚，轮转就是轮转，学一段时间就回来，还是要继续本职工作的。

3. 找个教练

教练这个概念，这几年在职场和生活领域越来越流行了。教练通过建立相对长期的伙伴关系进行，采用问问题的对话方式，不给建议，让我们自己去探寻解决方案，帮助我们发掘自身的潜能，实现想要的结果。教练一般是收费的，不过目前市场上有很多学习教练技术的人，为了磨练自己的技术，通常愿意免费给人教练，作为练手。可以找找他们，这是个双赢的方式。

4. 寻个导师

这是个非常有效的发展途径，类似工厂里的师傅带徒弟。我们可以有意识地在自己的公司或职业领域找到一位导师，这位导师需要德才兼备：第一，在你的职业领域是专家或高手，专业性的问题，我们可以向其请教。第二，有良好的素养和品德，生活领域的问题，也可以给我们指导。导师的意义不光是教导我们，或许，未来的某些时刻，他会成为你下一步发展的推荐人。他说的话，在公司和业内都会很有分量。

5. 参加培训

培训可以是专业领域的，也可以是综合素质、通用技能类的。我一向鼓励职场人士多参加培训，这是不断更新头脑的有效方式。你永远不知道谁说的哪句话会给你冲击，改变你的思维模式，进而影响你的一生。

6. 继续教育

当前这个社会，不管多么强调能力这件事，学历还是很重要。看看身边那么多人，工作好几年又重返校园，你就可以知道继续教育的重要性了。如果你是本科毕业，我建议你，找你所在城市最好的大学，去读一个在职研究生。这会极大拓展你的视野。而且，读同样专业的人，比较同频，这些同学会成为同事之外重要的社交圈子，对你下一步的职业发展，可能会提供帮助。当然，你得慎重选择继续学习的内容，选择适合自己和自己需要的专业。

7. 自学成才

这个方式我要重点强调下，因为我本人受益良多。在没做培训这个职业前，我通过读书等方式已经累积了很多相关的知识和技能。当我开始正式做培训，很快就能上手了。我自学的一点心理学，在很大程度上影响了我的思维模式。毕业十多年，我一直在坚持学英语，使得我可以用英文给外国人上课，自己觉得挺骄傲的。

注意，我为什么要把这些看似没有先后顺序的方式，标上有先后次序的数字呢？

那是因为，它们的确有先后顺序。美国创新领导力中心曾经提出一个70/20/10学习模型：领导者的学习，70%来自生活和工作经验，即参与项目和解决问题；20%来自反馈、观察和向榜样学习（导师和教练）；只有10%是通过正规教育和培训。

所以，我把参与项目和岗位轮换放在了1、2位置，凡事必须亲自去做，做了才有感受和体会，才能积累经验，否则只是意淫。找教练放在第3，教练也是会督促你实践和执行的。4才是寻导师。榜样有力量，但别人的经验未必适合你。参加培训和继续教育只放在5和6的位置，因为专家说了，学习只有10%来自正规教育和培训。

但，我把自学成才放在最后，不是因为它最不重要，而是最为重要，所以放在最后加以强调。我认为，学习能力，或者说学习力，是发展相当重要的手段，决定着我们能否在职场流水不腐松柏长青。

在职场，发展永远是自己的事，或者说，首先是自己的事，不能只依靠别人。

要托付，就把发展的任务，托付给自己吧。

只有自己，最靠得住！

生命的不同，决定于八小时之外

一个朋友在博客上说："八小时之内的工作，决定了我们的社会角色、职业地位；而八小时之外的生活，却决定了我们成为一个怎样的人。"社会上也有个"三八"理论，说人每天的时间可分为八小时工作、八小时睡眠、八小时自由安排。八小时之内决定现在，八小时之外决定未来，人与人的区别就在于八小时之外如何运用。

我十分认同这句话："人与人的区别就在于八小时之外如何运用。"在和一些大学生以及年轻的朋友交流职业生涯规划时，我总喜欢把下面这两个和尚挑水吃的故事分享给他们：

从前，有两座山，分别住着两个和尚。山间有一条河，两个和尚都要从这条河里挑水，以供生活之需。每天的生活好像是提前编排好的一样：清早下山，挑水回寺，念经颂佛，安然入睡。日复一日，两个和尚也彼此熟悉了，每日清早都会隔河相呼，振臂相问。

日子总是平淡的，时间就这样走过去了五年。五年中，两个和尚天天如此生活。

直到有一天清早，一个和尚发现另一个没有来挑水。面对突然变化的情景，这个和尚有些不适应：他担心另外那个和尚，是不是生病了？还是出了什么事情？还是还俗了？

这日,他无法静心,挑完水回到自己的寺庙,收拾了一下,就往对面的山上走去。到达对面山上寺庙的时候,已经是傍晚,这时,他看到另外那个和尚正在看书,完全没有一丝异样。他很诧异,问对方为何几日没去挑水。对方笑笑,领着他往寺庙后山走。

看着眼前的景象,这个和尚大吃一惊:"那个和尚竟在这后山掘出了一口井!"原来,尽管第二个和尚每日一样挑水,但回来后都会挖井,因为他相信这后山是有水源的,是能掘出水来的。

五年光阴,这个和尚果然得了一口井,不用再辛辛苦苦去挑水了。

挑水,就如同我们八小时以内的工作,喜欢与否,谁都无法避免,谁都要完成。如果你不喜欢挑水怎么办呢?那八小时以外的时间如何利用就十分关键了。你,在偷偷地掘井吗?

如今在中国各个领域有所成就的人,很多都是当年的知青。他们最初大都在农村插队,但他们不甘平庸,不安于现状,白天下地干活,夜晚挑灯苦读,终于抓住机会考进了大学,彻底改变了命运。

我有一个公务员朋友,工作挺清闲。同事们打牌、聊天、看报的时间,他都用来读书,后来考取了研究生,在部门里成了学历最高的人。

我的朋友小温,在外企工作。工作前两年,做的是质量体系控制(ISO9000)。他很不喜欢这份工作,经过思考,决定转行做人力资源,于是私下里看了很多人事方面的书,积累了必要的知识。当终于有机会转到人事部门时，自学的知识立马用上了，很快就适应了新的岗位。

……

现状，是由无数的选择影响而成的。我们现在过的日子，是由三年前的选择决定的；你现在的选择，也会决定你三年后过什么样的生活。

所以，请认真审视一下：你在如何打发八小时之外的时间？必要的休闲娱乐之外，你的时间，是不是都花在有助于未来生活走向的事情上了？iPad控、手机控、游戏控、微信控，都是在浪费生命。除非，你控的内容，和未来想要的生活有关系。

重复做同样的事情，只能收获同样的结果。如果想要不同的结果，就必须改变我们的行为。

想想自己要什么，从八小时之外开始吧，去偷偷地掘井。

生命的不同，决定于八小时之外！

 职场基本功

职业生涯，有爱大胆说出来

有次和小温喝酒，我问了他这样一个问题："你大学的专业是商务英语，那是怎么跑到人力资源部门，开始做培训这个职业的？"

小温分享了一个长长的故事。他的经历和经验说明：当你知道自己想做什么职业，并且擅长做什么工作时，要勇敢提出来，要努力去争取。职业生涯，有爱要大胆说出来！

2000年小温大学毕业，到天津一家合资公司做管理培训生。经过一年的轮岗实习，他被安排负责ISO9000质量体系。再大约一年，被提升为质量体系主管。但之后不久，小温发觉自己不喜欢这个工作，开始迷茫了，也开始花很多时间思考这个问题：我到底喜欢什么工作，这辈子到底要干什么？

当时他还不懂职业生涯规划这回事，完全凭着直觉闷头纠结。很幸运的是，答案慢慢明了：他要做人力资源工作，最好是去做培训。

于是小温开始阅读人力资源方面的图书，做知识储备，同时留心公司人力资源方面的职位空缺。他很清楚到社会上不容易找到类似的工作，因为他没有这方面的经验。最佳的开始人力资源工作的途径，就是通过内部调动，在公司里打入人事部门！

皇天不负有心人，在他起了要去人力资源的念头大约半年后，人力资源部门做薪资的同事离职了。他知道，这是他最好的机会了！

一天下班后，看看同事们大都离开了，小温直接进了公司副总经理的办公室。小温在公司工作两年多，副总是比较赏识他的一位领导。接下来的这段对话，改变了他的一生：

小温："副总，我想找您说点事。"

副总："哦，小温，什么事？"

小温："您应该知道人力资源部门有人辞职了，正好出来个空缺，我想去人力资源。"

副总："你去人力资源做什么，做薪资？"

小温："我知道自己不太适合做薪资。不过，我很喜欢做人力资源。现在那边只有薪资的空缺，您只要帮我进去就好。我先从薪资做起，未来能做什么，我自己来努力。"

副总："我看你做不了薪资，做培训还行。"

小温："直接能做培训当然更好，可是现在只有薪资的空缺。我能进人力资源就行，慢慢再想办法转去培训。副总，您给我 5 ~ 8 年时间，我一定会在人力资源方面干出点样子来。"

副总："嘀，还挺有信心。小温，你知道我的事吗？如果你知道了，这个时间来找我就不太合适了。"（当时公司由合资转独资，中方不参与高层管理了，副总还有一周就要离开公司。）

小温："我当然知道，您还有一周就要走了。我来找您，是因为我知道在这家公司，您最欣赏我，也只有您能帮我。"

副总："行，这样吧，你先回去，我帮你努努力，我是觉得你更适合做培训。但基于我要走的现状，我不能承诺你。"

接下来的一周，小温心情忐忑如坐针毡。他的工位，就在副总办公室外面。一周内，小温听见副总和人事总监吵了三次。他能理解人事总监的困境：当时有一位同事在负责培训。人家干得好好的，副总非让小温去接手人家的工作，那人家怎么办呢？

那个星期五下午，也就是副总在公司的最后一天，他把小温叫进了办公室。

副总："小温，坐。下周一，你去人力资源部门报到。"

小温："啊！太好了！谢谢副总！"

副总："知道过去做什么吗？"

小温："做什么都行！您只要让我过去就行。"

副总："你去做培训主管。"

小温："啊！不会吧？这个，我没期望那么多！"

副总："你现在是质量体系主管，过去了怎么也得做主管，我不能让你再从职员做起。"

小温："这真的超出我的期望了，谢谢您！"

副总："不用谢我，你得谢你自己。这次你之所以能过去，主要靠三点。第一，你知道自己要什么。那天你来找我谈，说自己就想做人力资源，而且说给你些时间一定能做成。当时你非常自信，我没见过一个刚毕业两年的人，能够对自己的未来那么清楚和坚定。第二，你靠自己过往的成绩，证明了你未来在这个职位上能做好。你第一年在生产部门实习，生产经理最后对你很满意。后来负责质量体系，做得也很不错。所以，你今天能得到自己想做的工作，不是我给的，是你用过往的成绩换来的。第三，你对这件事的分寸把握得很好。你向我提出了要求，但没过分削尖了脑袋往里钻。其实公司里想去人力资源的不只你一个，有人还给我送了东西。这让我很反感，你的火候把握得好。"

就这样，小温去了人力资源部门做了培训主管。

这就是小温怎样从一个英语专业的学生，走上培训这条道路的全部过程。他常常觉得自己幸运，比较早地锚定了职业方向，同时遇到了给他助力的贵人。

小温的经历显示：职业生涯选择，就如同恋爱一样，少整那些月朦胧鸟朦胧，爱你在心口难开的事。喜欢对方，就大胆表达出来。观众喜欢那些年我们一起追的女孩的清新和含蓄，当事人咽下的可是一世的擦肩而过的遗憾和失落。

当你知道自己想做什么职业，并且擅长做什么工作时，要勇敢提出来，要努力去争取：职业生涯，有爱要大胆说出来！

转型是个技术活

如果你不喜欢现在的职业、公司,或者不看好目前的行业,如何成功转型呢?

行业、企业、职位

职业是由三部分内容组成的:行业、企业和职位。在转型之前有必要想清楚,这三部分内容分别都是什么。

第一,行业。

行业是有生命周期的,就像人从出生到死亡一样,分为四个阶段,曙光期、朝阳期、成熟期和夕阳期。

·曙光期:指那些刚刚出现市场需求、竞争者比较少、但是前途也不明朗的行业。比如短视频,大家都在说短视频是个风口,也有一些平台开始投入资金去推广短视频,但趋势难以预料。还有现在充斥朋友圈的微商和电动汽车,也属于看到了希望、但充满不确定性的曙光行业。

这种行业适合拥有梦想、或者追求人生意义和价值的人,他们渴求从无到有地去追求和创造,宁愿承担相应的风险。同时也适合满足了生存基本需求、从事第二职业的人。

- 朝阳期：指那些度过了曙光期、处于快速上升时期的行业，如在线教育或高端幼儿教育等。我一个朋友就在做高端幼儿托管学校。收费不菲，每个月一个孩子要交近1万元，但在高收入家长群体中颇受欢迎，业务呈现迅速上升势头。这个阶段的行业，应该是我们职场人士的主战场，也是我们进入的最佳时期。行业的迅速发展，会给我们带来诸多学习和成长的机会。
- 成熟期：指那些非常稳定、变化不大、机会不多、短期内也看不到职业风险的行业，比如石油、电力等。这类行业比较适合处于职业生涯中后期的人。上升通道不多，压力不太大，业余时间还可以做点副业兼职。我们小区附近有一个网红水果店，每天晚上很多人排队买水果。后来我了解到，这个老板就是在一个事业单位上班，晚上自己做卖水果这个副业。
- 夕阳期：那些苟延残喘、要被时代所抛弃的行业，比如大量依靠人工、又没有技术含量的行业。这种行业适合安逸、保守的人。我总是建议还有梦想、比较年轻的朋友，早点逃离这类行业。

要转型的时候，好好分析一下，自己所在的行业是属于哪个阶段。想转去的那个行业，最好是处于朝阳期，这样你会有更多的机会，还有施展才华的舞台。

第二，企业。

考虑清楚了自己要往哪个行业转变，接下来就要考虑企业的性质了，也就是不同企业的特点。

下图显示出了各类企业的特点，越往左，就越以内部客户为导向，强调做人。越往右，就越以外部客户为导向，强调做事。

企业（组织）特点

```
内部客户导向                          内部客户导向
   做人                                  做事
◄─────────────────────────────────────────────►
  政府      国      外      民      自由     创
  机关      企      企      企      职业     业
```

企业	事业单位 国企 竞争压力不大 垄断性资源 掌控导向	外企 资金雄厚，有愿景 短期无生存问题 规则导向	民企 生存导向 以结果为导向

在选择企业的时候，得考虑自身的状况，看自己更适应哪种企业的氛围。比如有的大型民企，薪资丰厚，但工作强度极大，经常996甚至007。你可以问问自己，这种环境你能适应吗？

自由职业，尤其是创业，压力很大，是以结果和生存为导向。我经常劝那些要从企业里出来创业的人，除非有强大的解决问题能力和抗压能力，否则不要轻易尝试。

第三，职位。

要转型时，需要慎重考虑什么工作更适合你。请看下面的职业星空图。

这张图的横坐标，越往左，表示你越喜欢跟人打交道，沟通，互动，交流。越往右，表示你越喜欢跟事情打交道，完成目标，搞定项目，达成结果。根据这个维度，你就可以明白，该把自己放在这张图的左边还是右边了。

图的纵坐标，越往上，你越喜欢做具体的事情，跟数据、流程打交道。而越往下，你越喜欢抽象的概念，喜欢思考，可能每天都在想人为什么活着等等。这样你就可以确定自己该处在哪一个象限里了。

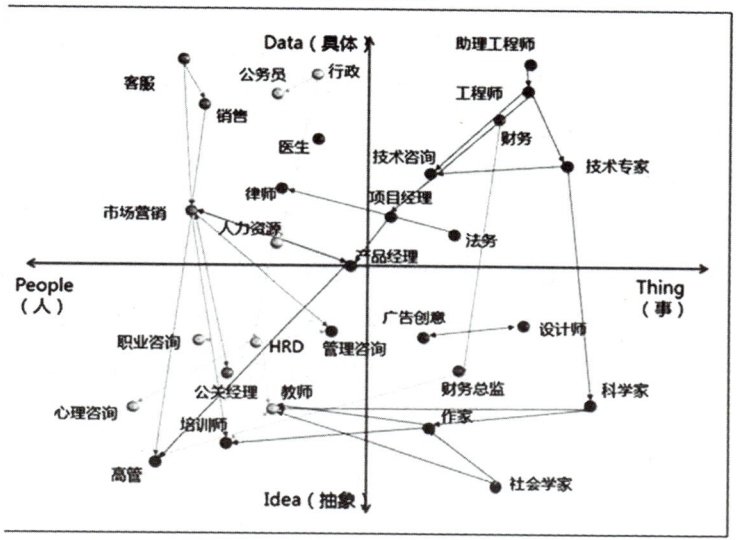

职业星空图

　　从转型的角度来看，位于同一象限的职业相对容易转换，因为它们对工作者的要求类似。比如左下角的职业咨询、心理咨询、人力资源总监、培训师、教师这些职业，它们之间相对比较容易转换，因为内在逻辑是相通的。右上角的工程师，慢慢可以成为技术专家、技术咨询、项目经理，或者产品经理。它们属于相同的职业族群，来回跳跃没有问题。

　　而有连线的那些职位，表示可以跨越不同的象限去转行。像左上角的市场营销，也可能成为左下角里边的培训师、管理咨询师，或者是企业高管。

　　总之，这张图可以直接告诉你，你从目前的职业转型到其他职业，是否比较容易。

 职场基本功

找到适合自己的方向

分析清楚了行业、企业和职位,接下来我们谈谈转型的三个步骤:

第一步,信息收集。

我们无论是看中了一个行业,还是看中了一个企业,或者看中了一种职业,都要先做大量的信息搜集工作。比如这个行业,是处于曙光期、朝阳期、成熟期、衰退期的哪个阶段?这个企业,在同行业中,占据了什么位置?这个职业,市场需求如何,有没有发展空间?

信息收集有公众渠道和专业渠道两个途径。公众渠道指像百度这种搜索引擎等。专业渠道指企业或者行业的公众号、官网等。

第二步,职业访谈。

这一步非常非常重要,我强烈建议你在转型的时候,找一个目标行业、企业、职业的人,做深入的职业访谈。比如可以到在行上找这方面的专家,或者通过社群,找到这个职业的优秀标杆。

作为外行,我们平时看到的关于某个职业的场景或想象,往往都是职业艺术照。比如我们看到培训师在台上西装革履,滔滔不绝,收入还不错,就觉得十分美好。可这个职业的生活照是什么样子呢?要具备扎实的专业知识和技能,要有丰富的工作经验沉淀,还要承受大量的出差,以及客户对培训满意度的苛求。不找到从事这个行业的人做深入的职业访谈,你就没有办法了解背后的东西。

第三步，自我思考。

你所处的人生阶段，与你所适合从事的行业有直接关系。比如特别年轻的时候，你大可以到曙光行业和朝阳行业去历练，追求自己的梦想和价值。而一个女生，在打算结婚、生孩子的阶段，选择工作节奏比较慢、竞争压力不大的成熟企业或者职位，会更理想。如果年龄的确比较大了，那也许可以考虑在夕阳行业里，踏实度过余生。

确定行业之后，再选择适合你的企业。是以做人、满足内部客户需求为主导的政府机关、事业单位，还是以做事、满足外部客户需求为主导的民企、自由职业、创业？

你也要考虑，那份工作，你是不是能适应？要知道，即使在节奏比较快的企业里，不同部门承受的压力也是不同的。一线部门节奏更快，压力更大，而支持部门节奏相对舒缓。

综合权衡

最后，关于转行，有三点建议给你：

第一，内部转换是上策。

我总是推荐大家在转行的时候，争取在企业内部完成。

我有一个在国企的学员，从员工直接跨级，升为了助理经理。他跟我说，虽然负责了整个部门的工作，但不是自己的兴趣所在。我建议他，先升职，有了职位之后，再找机会在企业内部转到有兴趣的那个部门。因为通过跳槽转换职位，太困难了。

第二，满足核心需求就好，不要贪心。

这个世界上，钱多、事少、离家近的工作，几乎不存在。转行的时候要考虑清楚,下一步职业规划,你最希望满足的需求是什么。如果你特别想做事,就去人际关系单纯、任务导向的企业和行业。不想压力太大,就去一个相对稳定的环境。切记不能贪心不足,什么都想要,什么都要满足。你不是太阳,不会什么都围着你转。

第三,循序渐进。

职业包括行业、企业、职位。转换的时候,要尽量一个一个来。

比如你在传统行业,想去互联网行业。那么可以先跳到那个行业去,即使做的不是自己喜欢的工作,或者不是心仪的公司也无妨。先进入这个行业,然后慢慢调整。我有个学员,很喜欢在线教育,她就是先选择到一家比较小的互联网公司工作,最近跳到了爱奇艺。

或者你做销售,很喜欢人力资源工作,那可以先想办法,转到本公司的人力资源部门去,将来再去其他的企业或者行业,从事人力资源工作。

如果企业、职业、行业同时转换,挑战会非常大。除非你遇到一个可以带你直接转换的人,或者你有足够强大的背景,否则,不建议直接挑战 Hard 模式。

跳槽时，职位比薪水重要

用香皂很认真地把手洗了又洗之后，小温把老爸递过来的三个铜钱捧在手里，虔诚地朝手心吹了口气，松开手，三个铜钱落在地板上，或蹦或滚，尘埃落定。

老爸低头弯腰依次捡起铜钱，在本子上画了个XOX。小温很紧张地问："这是什么意思？我这次跳槽能成吗？"

老爸说："别着急啊，得扔三次呢。这X和O代表铜钱的反面和正面。"

小温很听话地接过铜钱，又捧着，吹气，松手，铜钱或蹦或滚，尘埃又落定了两次。

他乖乖地在旁边坐着，看着"算命先生"老爸在纸上画着XOX，偶尔把右手大拇指在其他四指的关节上点来点去，嘴里念着乾坎艮震。

那是2005年5月的一天，小温刚刚从一家世界五百强的法国公司面试回来。对这个五百强公司，他十分向往，所以吃完晚饭就缠着老爸给他"占一卦"。

小温是上午到公司面的试。先是见了人力资源总监，聊得挺愉快。人力资源总监随后把他引荐给总经理。和总经理谈得也算愉快。从公司出来后，小温对成功拿到这个职位还是比较有信心的。

唯一的问题是，人力资源总监和他谈时，说这个职位是培训专员。而面试前猎头口口声声和他讲的是培训主管。后来在人力资源领域干久了，小温才知道这是猎头惯用的伎俩，用高职位把你忽悠去面试，主要是让公司感到猎头在努力，不断能找到候选人来面试。

面试出来，还在公交车上，猎头的电话就跟了过来。先是问了小温的感觉，小温说还 OK。唯一的问题是职位，小温在现在公司是培训主管，不想降级，不是主管的话，他不打算接受。

下午猎头打来电话，说这家法国公司对小温印象还不错，想录用他，薪水可以翻倍，但职位是培训专员。小温回复说不行，薪水他满意，但职位如果不是主管，他就不去了。他现在是主管，也有信心胜任这家公司的主管位置，虽然它是世界五百强。

不久，猎头又打来电话，说公司可以把职位改为高级培训专员。小温说不行，再高级，也是专员，他想要的是主管。猎头说，你可以以专员的职位先进去啊，干得好自然可以升为主管。小温说时不我待，他不想再倒回去，重走一遍专员到主管的历程了。

猎头说公司那边可以再给涨些薪水，但职位只能这样了。小温说薪水他不太在意，职位一定要是主管。猎头最后说："好，那就先这样吧，我们再等等看。"

猎头说的"等等看"，通常的意思是说，我们再见见其他候选人。

小温跟猎头说得挺坚定，但心里也发毛，因为他以前有过坚持要职位而没成的经历。大约一年前，一家生产轮胎的外企打来电话，说要招个做培训的，聊得你来我往挺热闹。最后谈到职位，对方的人力资源总监说只能给专员，但薪水可以大幅提升。小温拒绝了，说职位如果不是主管就不去。结果，双方一拍两散。

老爸在纸上画来画去，忽然，把笔在纸上重重一点，说道："好！"

小温说："怎么样？"

老爸说："成了！"

小温说："真的吗？准吗？"

老爸说："应该准。这卦象显示你最近要有变化，要有大的变动。"

小温略略心安，但还是心存疑虑。

两天后，他接到猎头的电话，公司那边接受了他的条件：薪水翻倍，职位是：培训主管。

如同老爸算的，果然成了！

小温以主管的身份加入了这家法国公司，又用了大约三年，成为那家公司当时最年轻的经理人。

从小温的经历，我们可以看到：跳槽时，职位往往比薪水更重要，过于关注薪水而忽视职位，是相对短视的行为。

因为第一，职位呈台阶式分布，通常要一步步往上跨。进去时如果只是专员，下一步提升，也不过提为主管。而进去是主管，下一步自然就提升到经理了。

第二，低职位高薪水只是暂时的假象，专员薪水再高，最后也干不过主管。因为每个职位都有个薪资宽带，比如专员从 2000

到 5000 元，主管从 4500 到 8000 元，中间的交集部分，会偶尔造成高级专员拿的薪水比低级主管还高的现象，但那只是暂时的，把时间稍稍拉长，专员再怎么也干不过主管。

第三，职位越高，享受的其他福利越多。比如分红、培训机会等等，这些往往是隐性的，不体现在薪资里。

所以，想要有所发展的职场中人，尤其是 25 到 30 岁左右的人，跳槽时一定要慎重。切记：职位往往比薪水更重要。

别被暂时多出来的那两三千块钱吸引和迷惑，要更多地争取职位。这样，会给你的发展，提供一个加速度。这个加速度，很快会把你的薪水补回来。

第三篇

跨越式成长

成功很简单,只需要两步,第一步是开始,第二步是坚持。再完美的想法,迈不出第一步,也是扯淡。

 职场基本功

做由内而外打破的蛋

微博上流行过一句话:"鸡蛋,从外打破是食物,从内打破是生命。人生,从外打破是压力,从内打破是成长。"

你呢?如果你是一个鸡蛋,你是想从外面打破,还是想从里面打破?

做培训的时候,我经常会听到学员的抱怨:公司没有良好的激励机制,干多干少一个样,干好干坏一个样;领导不授权,我即使有好的想法也没法实现;我是想干事,其他人不支持啊,大家都在混日子……

听到这些,我通常会建议:第一,先停止抱怨。总是牢骚满腹的人,很讨人厌。在这里不爽,你大可以走人。没地儿可去,就老老实实待着,别唧唧歪歪。

第二,问问自己可以做些什么来改变。"大家都在混日子,我干吗要改变呢?"错!你当然要主动改变,人生短暂,你消磨虚度不起啊!"我能干,但公司对不起我,我为什么要给这家公司干?"你当然要干,因为你不是给公司干,你是给自己干!

一个木匠,盖了一辈子房子。实在干不动了,找老板说我要退休了。老板说好,你再帮我盖最后一幢房子吧。木匠心里有气:我都要退休了,你还让我给你卖命!所以盖这幢房子时,他

马马虎虎对对付付，工期缩水，材料用的也不好，质量把关也不严。完工后他将房子钥匙交给老板："房子盖好了，我可以退休了吧？"老板把钥匙推还给他："这幢房子，我是送给你的，感谢你帮我干了这么多年。"木匠无法言表，咬着牙痛悔：早知道这房子是给我盖的，我就好好干了。

是的，我们做的工作，不是给公司干的，也不是给老板干的，而是给自己干的！

我们可以通过工作换取收入，积累经验，建立名声。我们每个人的今天，都是在为自己做明天！你今天拥有的日子，是你过去行为的结果；你今天怎么做，直接决定了明天你过怎样的生活。

所以，无论环境如何，我们都要积极主动去改变。没有公司和老板的授权和激励，我们自我授权和激励。自我授权和激励，可以从以下几个方面着手：

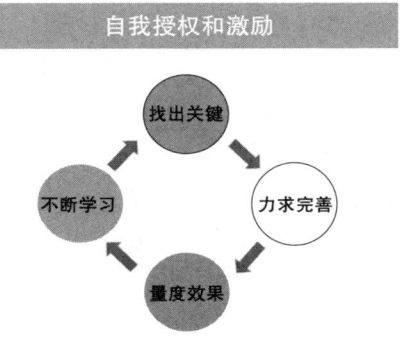

1. 找出关键

这是行动的第一步，也就是知道手上哪些工作是关键，公司和老板以及客户关注的是什么。根据二八法则，我们负责的工作，可能只有 20% 的工作内容是核心，是重要的，是老板特别关注的，其他 80% 都是次要的。我们需要投入 80% 的时间和精力去干那 20% 的事，而且要干好。再用 20% 的时间和精力，去干那次要的 80%，不求最好，只求完成。那怎么确定哪些工作是关键呢？每年年初和老板一起制定新一年的目标，是最佳的方式。

2. 力求完善

关键找到了，下一步就是想方设法干好这些事了。我们需要不断问自己：这件事，可不可以干得更好？有哪些方式可以帮助我干得更好？这是最好的方法吗？能省却一些中间步骤吗？这些问题，能够令我们脱离旧有工作方式和习惯的限制。不是过去怎么干某件事，现在就一定还要那么干，否则，创新从哪儿来？寻找新的途径和方法，多快好省地干好那些关键工作，就叫力求完善。

3. 量度效果

所有重要的工作，都需要数据来考量。呈现给别人的时候，数据是最有说服力的。而且有了数据，自己也心中有底，清楚做得怎么样了。所有工作，包括服务类、支持类工作，都可以用数字衡量效果。我们可以通过内外部顾客的满意程度、利润和成本、生产效率、时间、品质水平等指标来做评估。

4. 不断学习

朱熹有诗云："问渠哪得清如许，为有源头活水来。"流水不腐，户枢不蠹，不断学习，持续改进，是自我成长的不二法则。我们可以通过尝试新事物、参加技能培训、继续教育、读书、交往良师益友等方式提升自己，这样才能变得不可替代，也不怕被替代。如果你今年还在用同样的方式，做着与去年同样的工作，那你今年就白过了！因循守旧原地踏步的人，看着别人不断进取，只能遥望其华丽的背影，望尘莫及，黯然叹息。

找出关键、力求完善、量度效果、不断学习，这四个自我授权和激励的方式，不断循环，永无休止。

鸡蛋，从外打破是食物，从内打破是生命。人生，从外打破是压力，从内打破是成长。

就让我们，无论环境如何，无论老板如何，主动积极自我激励，做一个由内向外打破的蛋吧！

职场基本功

未干先说,成就执行达人

给一个朋友做教练,她准备在公司推行一个项目,但觉得自己还没有完全准备好,因而犹豫不决,没有信心进一步推动。

我问她:"你想推动这个项目吗?"她回答:"想。"

我问她:"你觉得给你多长时间,你就可以做好准备工作,开始这个项目了?"她回答:"还要三个月吧。"

我说:"好,现在开始我改变角色,不是你的教练了,所以可以给你个建议(教练通常是不给建议的)——你去跟老板说,我三个月之后要开始做这个项目。这样说出去,做了承诺,项目能够执行的可能性就非常大了。"

工作和生活中,我们往往倾向于等到所有条件都成熟,一切都完美了,才去采取行动。因而很多人的行动力会比较差,毕竟万事俱备的情况太难得了。其实,一件事情,如果你确定它真是好事,那么有个六七成把握,就可以干起来了,边干边调整,边干边完善。

而且,特别要强调的是,为了增强成功的几率,别光自己闷头想,干之前就对相关的人说出去。因为,做出承诺,你将成为执行达人!

公开承诺往往具有持久的推动力。在《影响力》一书中,作者指出：每当一个人当众承诺了一件事情，他便会产生维持它的动机，心里产生一种压力，要相应调整自己的行动，从而显得自己前后一致。比如，如果一个人私下决定减肥，往往抵抗不了食物的诱惑，意志力很容易溃败。于是心理学家要求减肥的人制定短期目标，拿给尽量多的朋友、亲戚、邻居看。很多时候，其他方法都失败了，这种简单的小策略却能成功。我听过一个女孩戒烟的故事：她找来一些卡片，在每一张的背面写下"我向你保证，我再也不抽烟了"，然后把卡片寄给了她爸爸、老板、闺密，还有她喜欢的男孩。这个方法，终于帮助屡戒屡犯的她远离了烟草。

人在下决心之前容易犹豫不决，容易退缩，而公开承诺，就如同把自己交给了大家来监督——我可都说出口了，没有退路了，一定要完成啊！

公开承诺还将吸引相关的资源和人脉，帮助你成功。正如心理学家亚伯拉罕·马斯洛所说：当个人的注意力集中在一件事上，无论是对个体还是对环境，都会产生积极的影响。这也就是曾风行一时的《秘密》所宣扬的"吸引力法则"，当你循着内心的渴望前行时，你会发现，你周围的人开始不断给你带来新的机会。

我自己对这点深有体会。2012年初，我计划成立一个公益组织，专注于大学校园公益演讲。我把这件事逮谁跟谁说，在博客上也有提及。然后就怪了，开始不断认识与这件事情有关的人。4月份我在北京一所大学做了两场演讲，起因就是在网上结识了一个网友——她是这所大学一个学院的党委书记。不久又有同学和朋友说可以帮我联系其他几所大学，如果我的时间允许，这个公益校园行就可以持续进行了。

《幸福的方法》一书里，作者问："把你的生命想象为一次旅程，你背着背包前进，忽然，出现了一堵墙阻挡了你的去路，你该怎么办？是转身避开，还是把背包扔到墙的另一头，然后想办法去穿过、绕过或是翻过它？"

未干先说，把背包扔过墙，没有退路，往往可以让你取得成功。虽然口头上的承诺不一定能保证目标实现，但它确实可以增强成功的几率。

当做出承诺，为自己的承诺付诸行动时，人们会发现，他们的运气变得出奇地好，相关的资源和人脉都会被吸引，帮助他们取得成功。

未干先说，可以成就执行达人！

向前一步，滚动你人生的雪球

上周参加《由内及外的教练模式》培训，深入学习了GROW教练模型。昨晚通过QQ语音给网友小金做了次教练，发现这个模型太牛了，超级好用！

GROW是一种解决问题的思维方式和流程技巧。交流时，先确定对方要达成的目标（Goal），接着了解现状（Reality），之后探讨方案（Options），最后确定行动计划（Way Forward）。

经过小金同意，我把这次教练过程分享出来。朋友们也可以看看GROW模型的威力，它几乎可以用来解决一切问题。

1. 目标

我："今天你要讨论什么话题？"

金："我现在对职业定位很困惑，想确定自己到底喜欢哪个领域。我是做财务的，最近对职业咨询很感兴趣，不知道该如何选择。"

我："具体来澄清下，通过这次谈话，你想达到什么目的？"

金："我想定位自己喜欢的领域，也就是说：要不要去做职业咨询，下一步该怎么行动？"

2. 现状

我："讲讲你现在的工作情况。"

金："我毕业两年多，在一家上市公司做财务。在月底月初很忙的那段，和月中比较空的时候，我都会困惑，不知道财务适合不适合自己。大学时我读过一些咨询方面的书，对咨询很感兴趣。"

我："你的老板对你评价如何？你对现在这份工作的满意度怎样？"

金："我们科长应该挺欣赏我的，部门里我也是加薪次数最多的。但是财务是个重复性很强的工作，喜欢安稳的人比较适合，我不太喜欢。"

我："那你是怎么对职业咨询产生兴趣的？"

金："大学时我就读过这方面的书。我一直有个想法，想要在学生报考学校的时候，帮助他们做测评和指导，这样可以避免他们误入不喜欢的专业。后来又读了古典老师《拆掉思维里的墙》，知道他创办的新精英就是从事职业咨询，对这个行业就更感兴趣了。"

3. 方案

我："我已经大致了解了你的状况。你做财务，而对职业咨询很感兴趣，想去做。目前，你自己的想法是什么？有哪些行动方案？"

金："我想，第一是放弃财务的工作，去找咨询类的工作。但不太知道需要多长时间。"

我："还有呢？"

金："还有就是，一边做财务，一边去参加职业咨询方面的培训，业余时间去学自己想要的。"

我:"还有呢?"

金:"第三,我不知道啊,我不知道自己适合不适合做咨询这个工作。"

我:"还有呢?"

金:"没有了。"

我:"好。谈到第一个方案,放弃财务做咨询,你提到一句话'不太知道需要多长时间',这个多长时间指的是什么?"

金:"指的是我得花多长时间接受培训、学习相关知识,然后才能开始这方面工作。"

我:"我的理解是,要多久才能拿咨询当饭碗,对吗?"

金:"对的,对的。"

我:"第二个方案,一边做财务,一边学咨询,你的时间允许吗?"

金:"我的时间很空,下班就没事了。而且月中也不忙,可以去参加培训什么的。"

我:"第三个想法,不算方案,你不知道适合不适合咨询这个工作,那么你来告诉我,你怎么才能知道自己适合不适合这个工作呢?"

金:"那只有先学习和了解下,才知道适合不适合了。"

我:"所以,你无论选第一还是第二方案,都可以解决这个适合不适合的问题,对吧?"

金:"对的。"

我:"那说了这么多,你会选择哪个方案呢?"

金:"那当然选第二方案了,边做财务,边学习咨询知识。"

我:"要不要听听我的建议?"

金:"好啊。"

我:"你可以边做财务,边参加一个职业咨询方面的培训。第一,培训里会讲些测评的工具,这些工具有助于你增强自我了解,看看你适合不适合做咨询工作。第二,上课时你也可以跟老师和培训方了解下,进入这个行当,得学习多长时间,才能拿这个当饭碗。"

金:"对啊,这样会解决我全部困惑了。我跨出第一步,后面的情况就明了了。"

4.行动计划

我:"好的,那下一步,你要做什么?"

金:"我想先参加一个培训,不过我们当地没有这方面的培训。"

我:"北京、上海、广州会多一些。现在高铁这么方便,对你不是问题吧?"

金:"对的,我可以去参加。"

我:"好了,因为我们是免费咨询,所以行动计划这块,我不想花时间和你讨论了。你自己知道如何行动吧?"

金:"我知道,谢谢王老师。"

结束的时候,我开玩笑说:"小金,其实你完全知道自己该做什么,也很清楚哪个选项最佳,干吗还来浪费我的时间?这么简单的案例,我做完一点成就感也没有!"

小金说:"是啊,王老师,说着说着我也发现了,其实我很清楚自己该做什么。我一直以来就是这样,心里很清楚该怎么做，但还是要别人，比如您，来认可和肯定一下，我才有动力和勇气往前走。"

好了，读者朋友，如果你有耐心读到这里，你就赚了，我要和你分享一句振聋发聩惊天地泣鬼神的话：获得成功最大的障碍，不是"不知道该做什么"，而是"不做我们该做的那些事"！

你知道有件事只有和老板好好谈谈才能解决，你也知道增加上台表现的次数会给你的职场生涯加分，你还知道加入某个项目组有助于提升能力，可是，你就是不去做。

这是为什么呢？

阿伦·费恩（Alan Fine）在《由内及外的教练模式》培训里提到一个表现公式，可以回答这个问题。他认为表现 = 能力 − 干扰。也就是说，一个人如果想有良好的表现，提升能力当然很重要，而更重要的，是减少干扰。

干扰分外部干扰和内部干扰两种。外部干扰指环境因素，如经济滑坡、市场波动、组织机构变化等等。内部干扰来自我们自身，如害怕、自我怀疑、焦虑、不自信、消极、抗拒变化等等。

我大爱这个公式！绝大多数时候，我们不是没有能力做好某件事，而是内部干扰太多，阻碍了能力最大限度发挥。所以，我们要做的，往往不是提升能力，而是最大程度减少干扰。

和各位分享减少干扰的最简单办法，那就是迈出第一步。成功很简单，只需要两步，第一步是开始，第二步是坚持。再完美的想法，迈不出第一步，也是扯淡。

人生就像滚一个大雪球。开始的时候，最费力。当它滚动起来，凭着惯性，就自己向前了。最初，雪球很小，但只要滚动起来，就会沾上更多的雪，越来越大，越来越大。滚动过程中，雪球被石头硌一下，被树木挡一下，可能会偏离原来的路线，但会看到不一样的风景。

最要命的，就是让雪球停在原地。它不但不会变大，随着阳光的照射，还会越来越小，越来越小，直到化为乌有。

Facebook 首席运营官谢丽尔·桑德伯格 2011 年在巴纳德女子学院演讲时说道："别让恐惧淹没欲望，让你所面对的障碍来自外部，而不是你的内心深处。"

你呢，现在最想干的是什么？来，迈出第一步，滚动你人生的雪球吧！

请停止低水平的勤奋

在你的身边，会不会有这样两类同事？

一类看起来非常从容，经常喝着咖啡，聊着天，似乎不费力气，就把工作都干了，而且老板还挺赏识。

另一类，辛勤如小蜜蜂，嗡嗡嗡东一下西一下，一天到晚好像干了好多事，结果却什么重要的成就都没取得，也不受老板待见。

你呢，你属于哪一类？是胜似闲庭信步，还是晕如没头苍蝇？当城市的夜晚燃起万家灯火，你是否还困在忙碌的世界，依然孤独地转个不停？

如今职场的口号是："智慧，而不是辛劳地工作。"辛辛苦苦，付出更多的时间和精力，未必会取得更好的结果。而且，每天的时间就24小时，工作这边占多了，生活就投入少了，工作和生活不平衡，人就不会幸福。

那如何才能停止低水平的勤奋，智慧而不是辛劳地工作呢？建议如下：

·**把重点放在关键事情上**。在职场中，往往只有20%的工作内容是核心的，而其余80%的工作产生的效益很低。所以如果想要摆脱低水平勤奋的怪圈，就别光顾着低头拉车，更要抬头看路。

忙——茫——盲，忙碌会导致茫然，茫然会导致盲目。找出工作最关键的内容，做高回报的活动，用80%的时间去做20%核心的工作，剩下的事糊弄糊弄就行，不求完美，只求完成。

· **专注**。专注是几乎所有成功人士共有的特质。当你正在做某个项目时，一定要心无旁骛，在这段时间内其他事情统统放在一边。有人会质疑说："没有啊，我见过很多人，可以一边读书一边听音乐，一边工作一边上微博，两不耽误。"其实不然。心理学实验早就证明，这纯粹是鸡屁股拴绳——扯蛋。同时做两件事，次要的事一定会分散注意力，干扰重要事项的质量和进度。我认识卡耐基训练的亚洲区负责人赵先生，他的女儿就读于哈佛大学，成绩优异，同时在一个摇滚乐队玩电吉他，学得好，玩得疯。赵先生有一次和女儿聊天，问她怎么能同时学好玩好，女儿说："太简单了，就是专注。上课我会特别专心，不懂的下课立刻跑到讲台上问老师。放学后直接去乐队练习，再也不想学习的事了。"可见，专注，会保证你工作的高效。

· **注意存档**。第一次做好的任何东西，要好好存档。这样，未来再做同样的任务或类似的事，就可以拿出原来的直接用了。

· **模仿他人**。智慧工作的有效方式，也是我经常采用的方式，就是去借鉴他人的成功经验，模仿他人，尽情地模仿。我刚到某一家公司时，老板要求我给全体员工培训公司核心价值观，我就一头扎进去开始设计培训教材。煎熬了一个来月，弄出来的东西还是四不像，怎么也不能让自己满意，一方面因为价值观这东西空洞乏味，不好设计出雅俗共赏的内容；另一方面我刚到公司，对核心价值观了解得浮皮潦草，自己就没吃透。焦头烂额之际，一天整理电脑文件，意外看到我前任留下的文件夹，那里已经有了他设计的价值观培训雏形！我如获至宝，稍做调整，就拿去讲课了，结果还挺受欢迎。记住，这个世界上，你在做的事，前面已经不知道有多少人做过了。所以接到任务后，别急着埋头就干，先问自己一个问题：这个事谁曾经做过，谁曾经用某个方式做得很好？找到了优秀的榜样之后，直接模仿它，模仿之后再慢慢图超越。优秀的榜样加上你的创新，就铸就了你的卓越。只有前人没做过的，你才需要自己劳心费神绞尽脑汁。而这样的事，在这个世界上，可以说少之又少。

· **寻求帮助**。勤学好问，是一个我很欣赏的成语。如果你有自己琢磨不明白的事，别再浪费时间了，知道谁是这方面专家，就果断去找他请教吧。但职场里的人，很多都不愿意向别人求助，一方面是出于自卑，怕显得技不如人；另一方面则是怕给别人添麻烦。其实实用心理学告诉我们：让别人喜欢自己的有效方式之一，就是让他帮你的忙。帮过你忙的人，会比以前更喜欢你。我觉得这可能出于人们与生俱来的救世主情节和自我价值肯定。可见，寻求帮助，又能提高工作效率，又能让人喜欢，何乐而不为呢？

· **不断学习和创新**。如果你总是用同样的方法，做和过去同样的事情，那么你得到的也总是和过去一样的结果。所以要开放心态，永远对新的软件、新的工具、新的流程保持好奇，只要它们能提高工作效率，就来者不拒。

智慧，"智"是日知，每天学习和了解一些知识；"慧"是两只手拿了一把扫帚在扫自己的心，意指自我省察。

智慧，而不是辛劳地工作，是一种思维模式。如果你能这样看待工作，就会有意识地去寻找智慧的方式和途径，成为智慧工作的人，摆脱低水平勤奋的陷阱。

世上无难事，只要肯分解

每年年初，朋友圈里都充斥着各种美好的宏大的年度计划，一片琴棋书画诗酒花。遗憾的是到年底总结的时候，却基本没有完成，变成了柴米油盐酱醋茶。根本原因，就在于缺乏目标分解，没有把它过渡成月度计划。

如果不把年目标分解，各种宏大目标会看起来很有挑战性，让你无从下手，心生畏惧。同时，在执行的过程中，你也不知道这个目标进行到什么程度了，缺乏里程碑事件作为目标顺利进行的标尺。

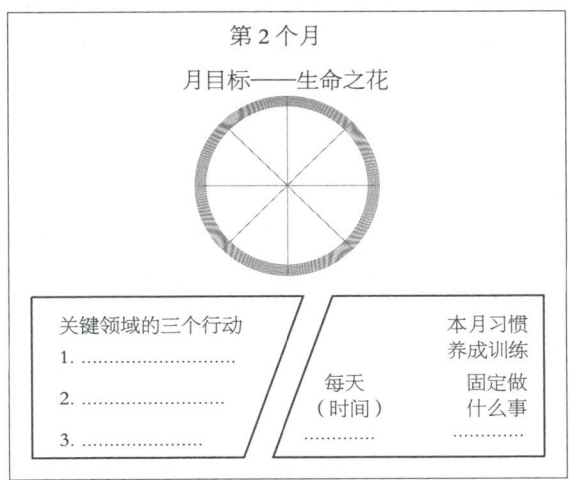

这里介绍一个用来把年度目标分解成月度计划的工具，叫作人生平衡轮。它会帮你把一个庞大的目标进行分割，让你知道每个月应该具体做点什么，同时，清醒地看到目标进展情况。

人生平衡轮，也叫生命之花，它需要每个月绘制一幅。它周围的花瓣，跟圆方规划图的8个部分相同，一脉相承。在花瓣里面，我们要具体写出在某一个领域，这个月要做的比较重要的两三件事，甚至只是一件事。

举例来说，你今年在圆方规划图上的"个人成长"那一栏里，有个目标是攻读在职研究生。那就可以把这个目标分解到每个月，去有节奏有计划地完成。1月份，你要收集对比各个学校在职研究生的专业和收费情况。2月份，你要决定攻读哪个学校的研究生，怎样去报名。接下来，根据这个学校的研究生考试时间、答辩时间，再确定每个月应该做的准备工作。

再比如，如果你今年想跑一个马拉松，那么在"自我实现"这一栏里，1月份的行动就可以是制订详细的备战计划。

依此类推，你可以把所有年度目标过渡到每个月去完成。

年度目标的月计划过渡十分重要。这就像在公司里完成一个长期项目一样，我们要根据项目完成时间，制定可行的阶段性目标和任务。同时，月计划会让我们看到那些里程碑事件，让我们知道，一个漫长的、庞大的目标已经进行到什么程度了，从而增加前行的动力。

举个例子，2013年当我备战第一个半程马拉松的时候，我就做了一个月度计划的分解，见下页图。

我当时是计划在 4 个月内，从一个跑步的小白，到完成第一个半马，21.0975 公里。这个计划表就是把一个大的目标不断分解，决定每一个月我要完成多少公里。

迈向杭州半程马拉松（2013.11.3）

	周	总公里数	第一天 距离（公里）	第一天 速度（分/公里）	第二天 距离（公里）	第二天 速度（分/公里）	第三天 距离（公里）	第三天 速度（分/公里）
1	week of June 3	12.40	4	7.5	4.2	7.14	4.2	7.14
2	week of June 10	13.64	4.2	6.7	4	6.5	5.4	6.85
3	week of June 17	20.00	5	6.8	5	6.4	5	7
4	week of June 24	16.46	5.1	5.9	5.36	5.6	6	6
5	week of July 1	17.60	5.5	6.55	5	6.6	7	6.62
6	week of July 8	10.65	5	6.6	2.65	7.2	3	6.67
7	week of July 15	19.00	6	6.33	5	5.7	8	6.5
8	week of July 22	21.00	6	6.33	6	6.33	9	6.3
9	week of July 29	19.20	3.2	7	6	6.33	10	6.3
10	week of Aug 5	23.00	6	6.08	6	6.16	11	6.36
11	week of Aug 12	18.50	6.5	6.31			12	6.33
12	week of Aug 19	14.00	1	6.3			13	6.5
13	week of Aug 26	7.00					7	6.0
14	week of Sep 2	28.00	7	6.40	14	6.36	7	6.30
15	week of Sep 9	9.00	8	6.25			1	6.30
16	week of Sep 16							
17	week of Sep 23	30.00	7	5.43	7	5.43	16	6.43
18	week of Sep 30	13.00	8	5.90	5	6.30		
19	week of Oct 7	24.00			6	6.20	18	6.67
20	week of Oct 14	10.00			10	6.30		
21	week of Oct 21	30.00	10	6.10			20	6.75
22	week of Oct 28	32.00	5	5.8	6	6.2	21.1	6.01
		388.45						

我也是用这样的训练计划，完成了我的第一个全马——北京马拉松。

奔向北京马拉松（2014.10.19）

	周	总公里数	第一天 公里	第一天 速度 分钟/公里	第二天 公里	第二天 速度 分钟/公里	第三天 公里	第三天 速度 分钟/公里
1	week of May 5	13	5	5.60			8	5.88
2	week of May 12	21	5	5.60	6	5.80	10	5.70
3	week of May 19	18	5	6.20	2	6.00	11	5.55
4	week of May 26							
5	week of June 2	12	5	5.70	7	5.71		
6	week of June 9	18			6	5.67	12	6.00
7	week of June 16	23	8	6.00			15	7.23
8	week of June 23	6	6	6.00				
9	week of June 30	20	10	5.80			10	6.10
10	week of July 7	17					17	7.00
11	week of July 14							
12	week of July 21							
13	week of July 28	24	6	6.00	8	6.20	10	6.10
14	week of Aug 4	5	5	5.75				
15	week of Aug 11	38	12	5.58		6.20	21.1	6.40
16	week of Aug 18							
17	week of Aug 25	5			5	5.90		
18	week of Sep 1	5			5	6.00		
19	week of Sep 8	20	10	6.00			10	6.00
20	week of Sep 15	45	10	6.00	5	6.20	30	6.20
21	week of Sep 22	3					3	6.20
22	week of Sep 29	3			3	6.20		
23	week of Oct 6	10	5	6.20			5	6.50
24	week of Oct 13	52	10	6.00			42	7.62
		358						

如果能做到合理的目标分解，只要是一个正常、健康的人，都可以在 9 个月内，跑完一个全程马拉松。上面我的半马和全马的训练表，在网上被很多人传阅，我的许多学员也模仿并且践行它，完成了自己人生的第一个马拉松。

在人生平衡轮下方，还有两个不可忽视的内容。一是关键领域的三个行动。这个月所有的计划里，一定有 2~3 个最重要或者相对重要的。对这些计划，可以采取一些什么必要的行动推进它完成呢？

二是本月习惯养成训练，就是这个月希望养成一些什么习惯，在每天的固定时间段做什么事情。比如每天早晨 6:00~6:30，读英语。或者中午 12:30~13:00，听千聊王鹏程老师的高效工作法课程。再或者晚上 8:00~9:00，去游泳池游泳。21 天可以形成一个习惯，这一项就是用来帮助我们培养良好习惯的。

提醒一下，在制订月度计划时，应注意以下六点：

第一，聚焦重点，战略性放弃其他事情。

2013 年，我到天津大学攻读管理学在职硕士。每年 5 月份，在职硕士要参加全国统一考试，通过之后才能拿到硕士学位。从 2 月份到 5 月份，我战略性放弃了其他所有的个人成长方面的事情，不再读其他书，也不写东西，工作之外，全部身心都放在考试的准备上。功夫不负有心人，当年管理学专业有 70 多人参加考试，只有 3 个人一次性全都通过了，我就是其中的一个。后来我攻读北大的心理学硕士，也是用同样的方法，在半年时间里集中准备考试，成为班上 30 个同学中，唯一一个一举通关的。

高效思维很重要的一点，就是专注。聚焦重点，战略性放弃其他不重要的事情。

第二，提前计划，未雨绸缪。

年初的时候，就可以在某一个月的生命之花里，把一些重要事件计划好。比如对暑假的 8 月份、寒假的 1 月份，预先把一周或者两周全都空出来，作为陪伴孩子及家人旅游的时间，其他的安排都要绕开它。所以工作这么多年，我对那些没有时间休假的人，始终感到不解。我以为根本原因在于，他们并没有把休假这件事情看得很重要，没有提前规划好时间。于是工作上一旦发生一些紧急的事情，就会影响休假，造成拖延或者干脆取消。

第三，阶段性回顾年度目标，保证行动不偏离。

除非发生了比较大的变化，年度目标不再适用了，否则每个月都要回顾一下之前画的圆方规划图，看看那些重要目标是否还在预想的轨道里。如果发生了偏离，一定要在某一个月制定一些具体的行动，和最初的年度目标呼应。否则年底评估的时候就会发现，最初定的那些目标，根本没有进展。

第四，不必每个月都把每项列入行动计划。

比如朋友及他人这项。如果今年 2 月份已经带了父母出去旅游了，3 月份也和一些重要朋友见面了，那下个月这项可以空着，不制订任何的行动计划。这和圆方规划图的长期动态平衡是一样的道理，不用面面俱到，只要长期平衡就好。

第五，均衡分布，不要把太多重大事件挤在一个月当中。

你一定有过这样的体会：上个月，工作和生活中的事情纷至沓来，让你左推右挡分身乏术；而这个月呢，却按部就班平淡乏味。这种情况下需要反思一下，是否你的月计划没有做好，某个月份挤了太多重大事件。

在制订月计划时，可以有意识地将耗费精力的事情均衡分配在几个月里。这样能保持平衡的节奏，并且保持了弹性空间，一旦有紧急的事情出现，也可以塞得进去，不至于手忙脚乱。

最后，建议大家可以找到志同道合的小伙伴，建个微信群，互相监督。

我在线下讲课的时候，带领学员画年度圆方规划图，通常画完之后，学员们一个个热血沸腾，对新的一年充满憧憬和向往。可是课后，三分钟热血，五分钟就凝结了，难以持续行动，实现最后的目标。

而小伙伴定期监督，是保证计划实施的有效手段。我的学员们经常这么干，画完月度平衡轮后，分享到微信群里，月中和月底向群友汇报进度。前面已经讲过公开承诺的力量，宣扬出去了，往往就会拼死实现。于是一段时间下来，小伙伴们都实现了不同程度的进步。

读到此处，你也可以拿出电脑，打开 Word、PPT，或者用笔记本，画出自己的人生平衡轮。什么形式不重要，最重要的是产生的结果。

你不管理时间，时间就会管理你

如果说年目标是从 1000 米的高空，俯瞰这一年总体状况；月目标是从离地面 100 米的距离来安排每个月；那么周计划就是从 10 米的高度，看清楚这一周该做什么。每周的时间管理是最重要的。它决定着如何将月计划进一步分解，告诉你每一天要怎么执行。

时间管理矩阵

说到每周的安排，我们必须先学习"时间管理矩阵"这个概念。

这个矩阵按照事情的重要性和紧急性两个要素，将工作和生活中的所有事情分到 4 个象限里。所谓重要，指的是有利于实现年度、月度目标的有价值的事情；所谓紧急，指的是需要立即注意和处理的事情。

	紧急性 强	紧急性 弱
重要性 强	I 重要 紧急	II 重要 不紧急
重要性 弱	III 不重要 紧急	IV 不重要 不紧急

如上图所示，第一象限是那些重要又紧急的事情，我们把它叫作生存象限。比如，工作上那些有截止日期的报告、项目、重大会议，以及生活上出现的疾病、事故、危机等等。这一象限的事情，如果不及时处理，会带来非常严重的后果。

第二象限是重要不紧急的事情，我们把它叫作效能象限。比如，那些预防和准备性工作，做计划，编程序，读书，学习，来千聊听王鹏程老师的课，还有建立比较重要的人际关系、锻炼身体等等。这个象限的事情，对我们工作是否高效，人生是否平衡，产生了至关重要的影响。

第三象限是紧急但不重要的事情，我们把它叫作欺骗象限。比如，一些很紧急的电话、会议、邮件、突然来访的客人、公司里面那些必须签到但又没有什么意义的公共活动等。这个象限里的事情做得再多，也不会对你的目标和结果产生太大价值。

第四象限是不重要、不紧急的事情，我们把它叫作浪费或逃避象限。比如，特别琐碎、忙碌的工作，推销类电话或者邮件，过多地玩微信、刷微博、看电视、打游戏等等。活在这个象限的人，是在逃避责任，浪费生命。

I 危机 事故 重大事件 有期限的会议、报告、项目	II 准备 / 预防性工作 建立关系 计划，编写程序 锻炼身体 学习 / 培训
III 不速之客 某些电话 / 会议 / 邮件 其他人的琐事 公共活动	IV 琐事 / 忙碌的工作 无关的电话 / 邮件 消磨时间的活动 过多看电视、上网、放松

上图列出了生活和工作中分别属于这 4 个象限的事情。

把主要时间和精力放在不同的象限，得到的结果是完全不同的，对身体、工作成果、人际关系产生的影响也会不同。

大家应该都听说过"过劳死"这个词，在职场上发生这种事情的人，通常都活在第一象限。他们每天都在处理重要紧急的事情，疲于拼命和救火，忙于收拾残局，结果可能猝不及防地在某个点上就崩溃了，这是一个很苦的状态。

把时间耗费在第三象限的人，通常缺乏自制力和目标，是职场上的老好人。他们常常为他人做嫁衣，忙于别人的事情，而忽略了自己的重要目标，最后可能还会埋怨别人：我今天就是帮助谁谁干了什么什么，结果自己的工作没有完成。他们一天到晚忙忙碌碌，但等到临睡前一回想，好像又什么都没有干。

停留在第四象限的人，基本上没有什么责任感和目标，浪费生命，工作不保，时间长了会变傻的。

而把时间聚焦在第二象限的人，他们通常有计划，自制，能够过上平衡而从容的人生。这才是我们应该追寻的方向。

制定周计划

我们可以利用时间管理矩阵，来安排周计划。一般会选择在周五下班前或周一早晨，花 10 分钟左右来制订周计划。

周计划表　　　　月 日-月 日

本周要事	星期一	星期二
重要合作伙伴		
	小确幸	小确幸

星期三	星期四	星期五
小确幸	小确幸	小确幸

星期六	星期日	本周小结
		本周满意度：
		满意完成事项：
		改进与提高：
小确幸	小确幸	

在这个计划表的左上角，有一栏叫作"本周要事"。我们首先要写出 2~3 件这一周最重要的任务。比如说，要提交一个重要工作报告，要完成三节音频课程的文字稿，要完成孩子幼儿园的报名。确定了本周要事，再把这三件事相应地挪到星期一到星期日的表格里面。最重要的事情放到上半周，相对次要的放到下半周。

在本周要事下面，有一栏叫作"重要合作伙伴"。它用于分析，这一周要做的事情需要跟哪些重要的人合作，或者从他们那里取得帮助。我们都知道，在职场，有时关系是先于任务的。比如一件事情，你打电话跟另外一个部门的同事沟通几次无果，可是你们部门的一个同事，也并没有太高的职位，抄起电话打过去，对方立刻帮忙解决了。所以我们要在工作中建立良好的关系，明确哪些是重要的合作伙伴。

表格中，在每天下面标出了"小确幸"。小确幸是日本作家村上春树首先提出的，指的是那些微小而确实的幸福。这一栏让我们在每天结束之前回顾一下，今天发生了什么让我感觉到幸福的事情。比如，有客户发来微信，对我的服务表示感谢；或者同事出去吃午饭，帮我带回来一杯咖啡；或者晚上下班回家，孩子冲过来，给了我一个拥抱。它让我们学会感恩，对生活中的小美好心存感激，让我们更幸福。

周计划的右下角有个"本周小结"，便于我们对这一周各方面的行动执行情况，做一个盘点和评估。

养成时间管理的习惯

提几点建议：

第一，本周要事，不要安排太多。

这也是为什么在这个计划表上，我只放了三格。如果有太多重要的事情放在上面，那你会感到压力很大，没有办法保持相对平衡和从容的节奏。

第二，一定要放一些第二象限的事情。

比如，每天什么时候去读书、健身，或者建立重要的人际关系。对人生影响最大的，就是重要不紧急的事情。你会发现，如果第二象限的事情做得比较多，比如持续保持运动的习惯，不断学习，那么，第一象限的事情会越来越少出现，失业、发生疾病、出现其他危机的情况会逐年降低。

第三，要将第一象限的事放在最前面。

可能有些同学会觉得，第二象限太重要了，那是不是要把第二象限的事情，放在第一象限前面？这肯定是不对的，因为第一象限是重要又紧急的事情，叫生存象限，这里的事情做不好，你就没法生存。比如你的老板冲进你办公室说，这个报告下班之前交给我。你说对不起老板，我在做年度的圆方规划图，第二象限的事。估计你老板就会说，你现在可以回家去做图了。先生存，再发展，先把第一象限的事尽快搞定，然后把时间和精力放到第二象限，这就是我们的逻辑。

讲到这里，我想起讲课时经常放的一个视频。

一个大学教授走进教室，放了一个透明的瓶子在桌上，然后从包里掏出一些高尔夫球，装满了整个瓶子。他问下面的同学们："满了吗？"同学们回答说："满了。"教授接着拿出了两杯小石子，倒进了高尔夫球的缝隙里，再问："满了吗？"同学们说："现在满了。"教授又拿出了两杯沙子，倒进了高尔夫球和小石子的缝隙里。他接着问："满了吗？"同学们都说："满了。"这时候，教授拿出一瓶啤酒打开，缓缓地把啤酒又倒进了瓶子里，同学们哄堂大笑。

教授总结说："我希望你们把这个瓶子看成自己的人生。高尔夫球代表着对你很重要的一些事情：你的家庭，你的健康，你的梦想。小石头代表其他重要的东西：你的工作，你的房子，你的车子。那些沙子呢，就是一些小的事情。如果把沙子先倒进瓶子里，你就没有空间去放高尔夫球和小石头了。人生就是这个道理，如果把所有时间和精力都耗在小事上，你就不会有时间去在意那些重要的事情，专注在那些能让你真正感到高兴的事情上了。先把高尔夫球、小石子照顾好，就是真正重要的事。把优先事项列好,其他东西都只是沙子而已。"

这时候有同学问:"那啤酒代表什么?"教授说:"那代表着不管你的生活有多紧凑,你仍然有空档与朋友把酒言欢。"

建议你从今天开始,每周去习惯性地做周计划。相信一段时间下来,你会更加从容地面对工作和生活。

我们要逐步养成时间管理的习惯。如果你不管理时间,就会有别人帮你管理时间,你只能按照别人的指令和别人的日程,去安排自己的生活。

一切都开始于意识和思维。

 职场基本功

复盘,成长的加速器

围棋中有一个常用的术语叫复盘。高手在下完一盘棋之后,往往会重新在棋盘上走一遍,看看自己哪些子下得好,哪些子下得不好,哪些步骤可以有所不同,甚至有更好的下法。这是提高棋艺的一个很有效的方法。

复盘也可以应用到我们的工作中,就是在头脑中,对过去所做的事情重新过一遍,做思维演练。工作复盘对我们益处多多,比如:不断优化,寻求最优;知其然,知其所以然;警示自己不要踩同一个坑等等。

听起来有点高大上,但其实我们无时无刻不在做复盘。

·和朋友聚会后,你会想为什么自从某个时间以后,两个人关系有点儿疏远,是不是自己有什么话说错了?

·跟领导沟通之后,你会反思自己对领导的态度,最近是不是过于随意了,导致领导将本该自己负责的事情交给了别人?

·这次团队任务完成得不错,是运气还是实力使然,怎么上次用同样的方法就没有奏效呢?

·孩子生病了,是昨晚被子没盖好,还是吃坏了肚子呢?

以上这些都是复盘。

既然复盘那么重要,我们该如何做复盘呢?

所有的复盘都包括了四个步骤:回顾、反思、探究、提升。

回顾:回顾过程。我是不是达成了相应的目标,结果如何?

反思:反思原因。无论达成了还是没有达成,原因是什么?

探究:探究规律。未来做同样的事情,有没有什么规律可以遵循?

提升:提升能力。未来,我怎样可以做得更好?

回顾、反思、探究是复盘的动作,提升是复盘的结果。

我们提倡大家做这样的复盘:以年为战略节奏,以月为复盘节奏,以周为成长节奏,以天为执行节奏。

年复盘

首先,是每年年底对全年进行回顾和反思。这里推荐给大家一个工具表,叫作"本年度个人十大成就事件"。

本年度个人十大成就事件
1.
2.
3.
4.
5.
6.
7.
8.
9.
10.

在这张表格里,我们回顾刚刚过去这一年,自己在工作和生活领域取得了哪些让自己骄傲和自豪的成就。比如我今年换了新的房子,我今年升职了,我今年读了在职研究生,我今年跑了马

拉松,等等。

需要注意,成就事件是跟年度圆方规划图紧密相连的。至少应该有一半的成就是年初确定并达成了的目标。如此则表明,我的确是按照年初的计划在执行,生活有一半是在我掌控之中。

另外一些成就事件,可以是生命给我们的突然的惊喜,或者不期而遇的美好。比如我今年可能没想谈恋爱,突然遇到了一个对的人。或者我今年并没有升职的计划,突然上面的领导辞职了,我获得了晋升的机会。

如果你年初的圆方规划图做得比较完善,全年执行得也不错,相信当你年底做这个十大成就事件总结的时候,会成就满满,觉得这一年真的没有白过。

做年度复盘时,也可以修正之前的目标。我有个学员,复盘时发现去年有一个坚持学习英语的目标没有实现。他思考后意识到,不是自己毅力不够,而是学习英语的目的不明确,只是觉得身边好多小伙伴都在学,自己就人云亦云想要学习。要知道学习英语这件事,如果没有出国考雅思、平时工作要用、考级等明确目标,是非常难坚持下来的,因为动力不足。而他在一个国企工作,平时根本用不到英语,也没有出国求学和旅游的想法。于是,经过复盘,他在今年果断放弃了学英语这个目标,而改去学习演讲和 PPT 制作了,结果给他的实际工作带来了很大帮助,他也因此坚持了下来。

月复盘

那怎样保证自己年底的目标执行满意度比较高呢?很重要的一点就是参照人生平衡轮做月复盘,也就是我上面说的"以月为复盘节奏"。

比如说，这个月，我的各方面计划执行的情况怎样；做的事情是不是关注到了长远的发展，是不是关注到了平衡；是不是太专注工作了，而忽略了对家人的陪伴；或者，这个月是不是太懒散了，无论在工作还是健康上都没有投入足够的时间；有没有在一些事情里梳理出完整的流程，总结出经验，有没有让自己在某一领域更加专业……

在每个月复盘时，别忽视了一些重大事件，如求职面试、项目执行、身体健康等。这些也都可以单独拿出来，作为复盘的对象，把发生的过程梳理成一个一个的点。拿求职面试来说，过程包括写简历、投简历、练习与面试官对谈的话术、薪资的谈判等等。不论你最后求职成功还是失败，都可以用复盘的方法来分析原因，避免下次求职的时候再踩同样的坑。

复盘的目的是为了总结经验，总结规律，从而去提升自己。每个月复盘的结果，是下个月做计划、做出改变和调整的依据。学而不思则殆，思而不学则罔，强烈建议各位在每个月月底，找一段安静的时间，对上一个月做完整的复盘。

周复盘和日复盘

除了年度的战略回顾和月度的复盘，每周、每天我们还可以做一个小的总结。在前面所列周计划表的最右下角，就有一个本周小结，方便我们在每周结束的时候，做一个小的复盘。本周比较满意的事项是哪些？需要改进和提高的是哪些？比如你原本计划这一周，每天早晨坐地铁的时候读半小时书，但地铁上没有座位，读书不是很方便，那可能从下周开始，你会把读书的时间调整为每天晚上 9:30~10:00。

你还可以每天临睡前，对自己的一天做个小的反思。

前面所讲的都是自我复盘，但其实它的主要流程——回顾、反思、探究、提升也适用于复盘他人和团队。

复盘他人就是研究别人怎么做得这么好。他山之石，可以攻玉，我们不妨阶段性地看一下那些优秀的同事，在做事情的时候，是用了什么样的逻辑、思路和方法？他怎么就那么优秀呢？是依靠自己不断提升能力；还是在建立人际关系上比较出色，在关键的时刻总有人为他提供助力；或者很会处理情绪，情商比较高？他是怎么做到的？这些都可以通过观察别人来总结经验。

如果你带领团队，那么在一个重大的项目完成之后，你可以与团队成员一起来复盘，总结整个项目进行过程中可以汲取的经验和教训。前提是，团队的氛围比较融洽，大家可以开诚布公，不是彼此批评指责，而是真正地、客观地从项目中汲取经验和教训。

团队复盘也可以在朋友之间进行。我的一些学员在学习了年度目标、月度计划的制订之后，每个月底，或者一个季度结束，会与几个朋友或者闺蜜找个咖啡厅坐下来，分别复盘各自在过去这一个阶段做得怎么样。其他人可以从旁观者的角度，给予一些更好的建议，因为当局者迷，旁观者清嘛。它的好处是非常安全，你没法跟老板或者同事说的内容，都可以在朋友之间分享和讨论。

掌握高效工作法，家庭事业两不误

你是不是有过这样的体会：

参加一场长达 4 个小时的会议，从头到尾没有一句废话，但到下半场，你的精力就急剧下降，连集中注意力都变得极其困难；

精心规划了一天的 12 小时，但到了中午，你的精力就走向了负值，毫无耐心，焦躁易怒；

晚上专门为孩子腾出时间，却仍旧被工作的情绪烦扰，不能专心陪孩子；

……

这一切都表明，你需要做精力管理了。

精力管理就是目标管理

这两年有一个比较新的概念叫精力管理，甚至有些学者提出，我们需要管理的不是时间，而是精力。我的看法是，时间管理和精力管理不能相互替代，而是相辅相成的，本质上都是目标管理。管理时间，管理精力，都是为了实现我们追求的目标。

就像下图所表示的：精力管理首先是管理身体能量，保持健康的饮食、睡眠、运动。再往上是心理能量，创造和保持积极情绪，适时更换大脑。而精力最主要、最源源不断的来源，是使命感，即找到人生的目标，用目标统领精力和时间。

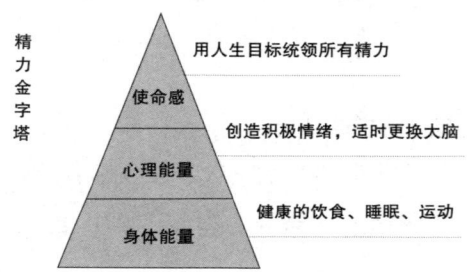

如何才能管理好精力，保持充满活力的状态去完成任务？

第一，不要透支。

我在千聊开设了课程，一般是每天写一节课的稿子。这个节奏是比较理想的，基本我会花两个半小时来写稿，其余时间还有很好的精力和心情去陪孩子。而上周六，一时间思如泉涌般没控制住，我写了两篇课程文稿，7000多字。当时心情很爽，可是接下来，整整一天我都非常疲惫。甚至周日我的状态还是不佳，陪伴家人的质量非常差，女儿跑过来找我，我直接跟她说，快去找你妈玩去，爸爸太累了。这就是节奏没有把握好，透支了。无论工作还是休闲都不能透支精力，否则会影响接下来的状态。

第二，最重要的事情只有一件，而且要放在精力最充沛的时候做。

给你个选择题，如果今天你只有一件特别重要或特别棘手的事情要完成，而其他的事情都相对比较轻松，你会选择把这个特别重要的事情一上班就搞定,还是先做一些并不重要的事情,把这件事拖到下班之前再干呢?

我在讲课的时候提过这个问题。很多学员回答,把这件事情放到最后。而我的建议是,一上班,就把这件事情搞定。因为如果你把它搞定了,接下来一天的时间,你都会在一个比较愉悦的状态里度过。而先去做其他的事情,这件事情就如鲠在喉,总是在你的脑海里压着你,让你没法完全享受做其他事情的愉悦。而且,如果先做了其他事情,等到下午你精力涣散的时候,就完全没有斗志再去挑战这件重要的事情了,往往会拖到明天或者后天再说。所以一定要把精力最好的时候,留给最重要的事情。

而什么是最重要的事情呢?前面的时间管理矩阵已经说得很清楚了。第一象限的事最重要和紧急,其次是第二象限的事。

我曾经有一段时间,每天早晨骑自行车去上班。我一般会8:00到公司,而公司要求是 8:30 上班。我就利用这半小时的时间,在办公楼的过道里大声朗读英语文章。因为早晨这段时间是我精力最旺盛的时候,我把它留给学习这件重要的事情。如果忙完一天,我就很难再保持这个学英语的习惯了,回家躺在床上,就再也不愿意动了。

第三,保持运动的习惯,创造最佳的大脑状态。

我曾经在苏州工作过 4 年多,生活在工业园的金鸡湖附近。每天早晨我都是 5:45 起床,绕着金鸡湖跑十几公里,然后洗个澡去上班。那几年,我的工作状态非常好,每天神清气爽。这跟保持运动有紧密的关系。而这两年因为创业,并没有很好地保持运动的习惯,我明显感觉精力没有之前充沛。

你可能也注意到了,你身边的同事里,那些能够坚持跑步、坚持去健身房、坚持打羽毛球,或者有任何一个运动习惯的人,通常精力比较充沛,工作状态比较好。

第四,学会取舍,一段时间只专注于一个目标。

前两天一个学员微信找我,说:"我 2018 年过得不错,学了古筝,开始了跑步,马甲线也初具雏形,可是学英语的习惯还是没养成,怎么办?"我说:"怎么办?你已经养成了三个好习惯,还想咋的?还想上天呢?"

人的意志力是有限的,就如同打游戏时,你的人物一共有 10 格血,每一个新习惯的建立,新目标的达成,都需要耗费你的精力,你的血条。练古筝、跑步、折腾马甲线,已经耗光了你的意志,血越来越少,还哪来的力量培养英语习惯?

所以别贪多,一次就专注一个事,等到养成习惯,不再需要额外耗费精力来维持它时,再去挑战新目标。

第五,盲目学习是一种病,得治。

我认识一些特别上进的小伙伴,看他们的朋友圈会发现,周一在听"改变自己"训练营网课,周二在"年读百书"群里发言,周三去演讲俱乐部,周四玩思维导图,确实够忙活的。这属于典型的学习焦虑症,得治。他们像极了一些上课达人,什么热门课上都会看到他们,不禁让人想问"How old are you(怎么老是你啊)?"实际上,万法归宗,所有的好课本质都是一样的,只要学会一门并深入实践,你就会金光闪闪了。就像学英语,什么新东方,什么华尔街,什么疯狂英语李阳,只要把一个学透,就可以行走江湖了。不要分散精力在太多的学习主题上,要专注于一个领域。

番茄工作法

关于精力管理，还有很重要的一点，就是怎样在一个时间段里不精力涣散，不分心，不受干扰地专注在一件事情上。

我个人比较喜欢的工具是番茄工作法。它是由一名意大利人提出的。据说他一度苦于效率低下，作业做不出来，学习学不进去。他想在一段时间内专注学习和工作，但始终不得法。直到有一天，他在厨房看到了一个像番茄一样的定时器，是用来计算食物烹煮时间的，到了时间，就给家庭主妇一个提示。这个计时器激发了他的灵感，由此产生了番茄工作法。

番茄工作法，简单来说，就是列出你当天要做的几件事，设置 25 分钟闹钟，然后开始着手第一件事。工作或学习 25 分钟，闹钟响了，就休息 5 分钟。之后再来 25 分钟，依次循环下去。耗时较长的任务，可以设置几个番茄钟，分阶段去完成。一般 4 个番茄钟之后，可以有一个长一点时间的休息。

休息时间可以做什么呢？可以溜达，喝水，看看窗外，甚至是眯眼小睡 5 分钟。但是不要去想上一个番茄钟的工作任务，以及下一个番茄钟要做什么。更不要去查电子邮件，阅读新闻，打电话。也就是说不去给大脑增加额外的负担，是真正的放松。

我在写课程文稿的时候，就是用的番茄工作法。我先用 25 分钟在纸上画出思维导图，列出这次课程的大纲，然后休息 5 分钟。之后，拿起手机打开讯飞语音，按照课程大纲录课程的初稿，再休息 5 分钟。然后，我再花 25 分钟把课程的初稿转到 Word 里进行修改。这样用三个番茄钟，也就是 75 分钟左右的时间，我就能够完成一堂课的文字稿。最后再用一个番茄钟，去设计课程所需要的 PPT 图片。

当然，现在手机 APP 这么流行，你完全不必在办公桌上或者家里的书房弄一个番茄闹钟了。我个人手机里就装了两个 APP，一个是番茄钟任务清单计时器，另一个是潮汐。它们都可以用倒计时的方式来帮助你完成一个 25 分钟的番茄钟。

类似的 APP 还有 forest（专注森林）。如果你在相应的时间段，不受其他干扰，持续完成工作任务，它就会奖励你一棵树。我上次在深圳和一个学员见面，他打开了这个 APP，给我展示了一片茂密的森林。我就知道他是能够专注完成工作任务的人，十分高效。

最后温馨提醒一下，使用番茄工作法前的准备仪式：

1. 事前规划：明确总工作时间和事项清单；

2. 心理准备：抛掉负面情绪，用正面情绪迎接即将开始的工作；

3. 循序渐进：两项高强度的工作中间可以插入一项低强度的工作，以此类推，轻重交叉排序，将压力减少到最小。

做得好,也要秀得好

很多公司往往都有一些老黄牛式的人物,踏实勤奋,但是不善于"表功",不知道怎么向老板汇报工作,明明做出的有 10 分,说出来的却只有 5 分,以致得不到应有的认可。也有一些同事,工作其实并没有那么出色,但在跟老板汇报的时候,却能说会道,5 分的工作吹成 10 分。甚至把老黄牛自己做的一些工作,也拿去向老板邀功,说是自己做的,轻轻松松获得升职加薪。

做得好不如秀得好,这种状况当然让人大感不公。但除了指望老板慧眼烛照之外,我们还能做些什么?不妨试试麦肯锡公司推荐的强力工具——金字塔汇报法,让你的汇报更得人心。

我在线下讲课时,经常会把学员分成两组,进行记忆力比赛。第 1 组学员,我会让他们看下面这张图片。

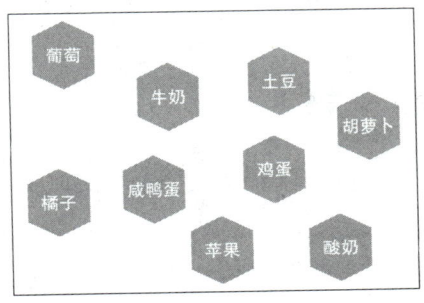

图片上有9样东西,我给他们20秒的时间,不许动笔,只能看屏幕,努力记住所有的东西。20秒之后拿起笔,把所有的东西写出来,看看他们记住了几个。

而第2组学员,我给他们看的是下面这张图片。

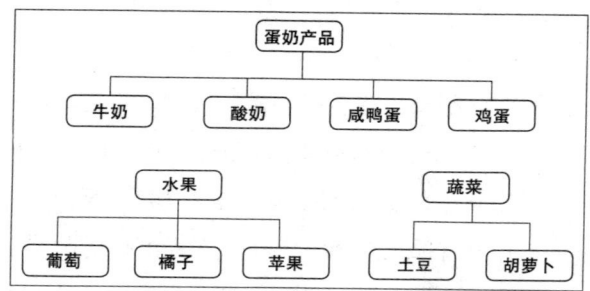

同样是9样东西,同样给他们20秒钟时间,同样是写出屏幕上出现的所有东西。但多次实验,不管班级有多少学员,结果总是一致的:第2组学员,9样东西完全写对的比例,要远远超过第1组学员。

原因很简单,因为在第2组,9样东西做了分类,把没有规律、杂乱无章的东西分成了蛋奶产品、水果和蔬菜。这个系统性分类,非常有助于学员的记忆。

同样的道理也适用于职场。你一定有体会:有些人说起话来条理清晰,逻辑严谨,他表达完你就立即理解了他的意图和重点。而有的人翻来覆去说了十几二十几分钟,你还是不知道他要表达的核心思想和逻辑到底在哪里。究其原因,就是缺乏结构。而金字塔式结构堪称解决这个问题的利器。

金字塔结构

我们在汇报工作或阐明观点的时候，可以采用 3 层的结构来表达。

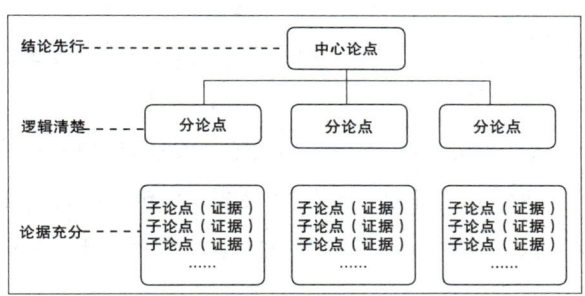

首先开宗明义抛出中心论点：这件事情的结论是什么，我的主要观点是什么。

然后，把所有的理由、原因等等分成逻辑清楚的三点来阐述。

接下来，每一点下面再提供相应的论据支持。论据可以是数据、事实、案例，甚至可以是故事。

可以看出，这个结构有点像金字塔的形状。上面是塔尖，然后是三个分论点，在每个分论点下面，有相应的支持论据。这也是金字塔汇报法得名的由来。

需要注意的是，金字塔的论点不要太多，尽量不要超过三个。三是个神奇的数字。比如事不过三；一鼓作气，再而衰，三而竭；一个篱笆三个桩，一个好汉三个帮；再比如三角形最稳定等等。超过三个，听众就很难记住你要表达的核心内容。

举个金字塔应用的实际例子。

比如你是惠普打印机的销售员,准备到客户那里去做演示,来推销公司产品。你可能会介绍说惠普打印机有非常多优点,如速度最快、最耐用、返修率最低、硒鼓寿命最长、打印效果最好,等等,让对方确信购买惠普打印机是最好的选择。

想象一下,你花了 15 分钟左右去做一个演示,罗列出惠普打印机的一二三四五六七条优点,客户能记住吗?毋庸置疑,答案是否定的。

而如果你转换思路,先用金字塔结构找出客户购买打印机最重要的三个诉求:首先是打印的效果要好,色彩要好。第二,返修率要低,因为公司打印机不能经常坏。最后,耗材也很重要,硒鼓的寿命要比较长。

接下来,我们就可以把三根金字塔的柱子立在这里,用相应的论据去支持刚才三个观点,比如返修率低用一些数据,色彩方面用一些数据,硒鼓方面用一些数据。

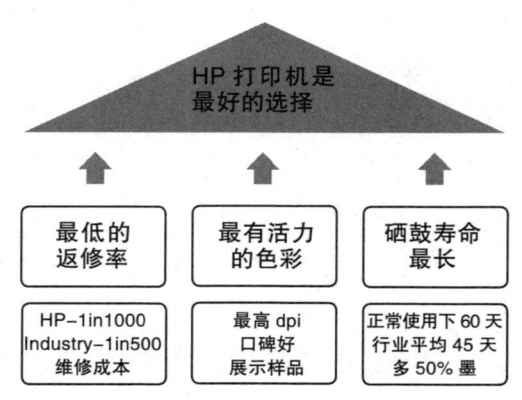

每次我在讲课的时候用这个案例,把这页 PPT 放出来,稍加

讲解再翻走，然后问学员："你们记住了惠普打印机有哪三个优点吗？"他们张口就来："返修率低，色彩有活力，硒鼓寿命长。"

这就是金字塔的力量，当你表达的观点足够清楚时，人们就容易记忆。

金字塔逻辑

当你用金字塔结构汇报工作或者做演讲时，金字塔的这三个论点或者说三根柱子之间，要按照什么逻辑去构建呢？有八个实用的方法。

第一，模块型。三根柱子像积木一样搭在一起，先讲哪个后讲哪个其实并不那么重要。一般来说，做财务的人汇报工作，特别喜欢使用模块型，因为他们通常讲的平衡表、损益表等表格，彼此是平行的，没有先后顺序。

第二，历时型。这个是咱们中国人做汇报最常用的结构，也就是按照时间轴，从过去讲到现在，再讲到未来。包括全国人大开会的时候，一般也是用这个结构，先回顾过去，我们做了哪几件重要的事；再立足当下，我们正在做哪几件事；最后展望未来，未来我们要聚焦在哪些方面。

第三，空间型。空间型就是金字塔这三根柱子有从大到小或者从小到大的关系。比如你在一个跨国公司，去做新员工培训，那你可能先从总部介绍起，再介绍到中国区，最后介绍到你所在城市公司的情况。或者你和部门经理汇报将要出台的一项政策，可以从对公司的影响，到对相关部门的影响，再到对员工的影响，从大到小依次展开。

第四，物理型。所谓的物理型，就是按照地域或者不同的产品类别来做汇报。比如你是一名负责多个区域的销售，那你向老板汇报的时候，可能会先说华南区怎么样，再说华北区怎么样。如果你是一个做产品的，你做汇报的时候可能先说这个产品，再说那个产品。

第五，问题解决型。负责项目的人通常会用这个结构去向上级或者客户汇报。首先是我们最近遇到了什么问题；第二，我们做了详尽的分析，原因可能是什么；最后，我们要采取的解决方案是什么。

第六，比较和对比型。当你要推出一个新产品、新系统，或者提出新工作方法的时候，就可以用它。比如这个新系统跟过去那个系统相比，在成本上、效率上，以及其他方面有什么优势、长处等等。

第七，为什么—什么—怎么样（Why–What–How）型。这个结构是通用型。先阐明原因（Why）：我们为什么要做这件事？接下来，这件事会涉及到哪些方面的改变或影响（What）？最后，每个部门或者所有员工要怎样去实施和配合（How）？

第八，数字榜单型。要是你实在找不到表述时的逻辑关系，那就用数字榜单来呈现。比如你是一名人力资源，去做招聘工作，就可以和应聘者说："加入我们的三个理由——钱多、事少、离家近。"这三个理由并没有强烈的逻辑关系，但它们是大家比较关心的因素，所以把它们都放在这里。我们在跟老板提加薪的时候，也可以用这种方式："我为什么要跟您提加薪呢？那是因为这三个原因：工作量大、升职无望得靠薪水补偿、离家太远。"

为什么要构建清晰的逻辑？因为逻辑是最具有说服力的。大部分人思考问题不会那么全面和系统，如果你呈现出了一种逻辑，就会比较容易说服对方。不光是工作汇报，我们在做演讲和写作的时候，也都要构建逻辑。

在职场一般有两种人。第一种人，只会做，不会说，我把他们比喻成闷葫芦，肚子大嘴小，肚里有货说不出；第二种人，只会说，不会做，我把他们比喻成绣花枕头，金玉其外，败絮其中。

最理想的状态是既会做又会说，我把这样的人比喻成钻石。钻石表面是璀璨的、亮丽的、光芒四射的，而内在又是坚硬的、充盈的、丰满的。

希望你能掌握金字塔结构，更好地向上级做汇报，更好地展示自己，成为职场上亮光闪闪的钻石。

两个套路,让你的文案字字珠玑

这里所说的文案,并不单单局限于在朋友圈和各个平台分发、寻求点赞转发的广告内容,而是泛指职场常用到的各种文书写作,比如:工作总结、进展汇报、调查报告、请示、项目报告等等。与上学时更强调文采的作文相比,这些文案强调实用性、目的性,让没有受过专门训练的很多人挠头不已:

· 不知道如何从工作中收集第一手材料,并从材料入手构建自己的观点;

· 不知道如何以公司的战略为风向标,提出自己的诉求,争取资源;

· 写作时容易用空洞的言辞,缺乏实质的内容。

怎样才能快速写出好文案,同时快速吸引他人眼球,获得他人认同点赞呢?这里,我从文案的构思和语言两个角度,教你两个实际高效速成法。

文案构思

文案构思无外乎两个部分,一是内容,也就是写什么;二是结构,也就是先写什么后写什么。

内容方面，谨记要从作者逻辑切换到读者逻辑。

职场文案的读者大多数是甲方，也就是你的领导、客户、重要合作伙伴。所以不能你想写什么就写什么，而是要写读者喜欢看的内容，提供他们需要的信息。文案要对他们有价值。他们觉得有价值，也就体现出了你的价值。

下面来解析一下常见的五种职场文案的写法。

第一，工作总结，要有深度。

总结不要写成一份业绩的流水账，因为你的工作成果，领导在你总结之前就知道了，那他为什么还要再看一遍呢？他想看到的是你的分析能力，希望你能从对工作的感性认知，上升到理性的规律性总结，他需要你协助他对未来做出更正确的决定。

工作总结不是回顾，需要将工作成果写出意义，提供难得的一线经验和不同视角。所以写总结的时候，在罗列出自己的贡献之后，一定要找出问题或机遇，以及怎样去解决问题或抓住机遇。这才是有深度的总结。

第二，进展汇报，不要讨教。

在项目进展报告里，不能只提问题，向领导讨教，而应该给出方案，向领导汇报。讨教的逻辑是："我们项目进展中有这样的问题，我该怎么做？"而汇报的逻辑是："遇到了现在的困难，我这样做，您同意吗？"

特别要提醒的是，哪怕领导没有要求你做进展汇报，你也要养成定期向领导汇报的习惯。这种汇报，不一定是书面的，也可以是口头的。

你可以将工作中的一些重要发现、关键结论、阶段性成果，

实时呈现给老板,让他看到你的努力,看到你的思考,还有你不断在提高工作能力。

第三,调查报告,要实事求是。

在收集充分的事实资料之后,你写报告的措辞,应该是"资料显示,数据表明",而不是"我认为,我估计",这种报告才能说服老板。

第四,请示,要有主见。

写任何请示的时候,不要含糊地说,"情况如上,请指示"。不管找领导要人、要钱或其他任何资源,你一定要有清晰的主见。比如申请款项,你要给一个量化的标准,让领导来裁决,不能模糊不清,让领导无据可依,无处下手。即使需要他做选择题,也应该提供最佳的选项。

比如,你希望部门的实习生能够转正,成为正式员工,就可以立场鲜明地说,"×××转正申请",并给出相应的理由。可以从他出色的能力、积极的态度,以及过往背景和该职位的高匹配度这三个角度去提出论据。这样立场鲜明,论据清楚,更容易得到领导批准。

第五,项目计划,要可交付。

一般在写项目计划书的时候,要包括目标和关键成果两部分,其中大目标可以分解成小目标,关键结果用来衡量目标有没有完成。按照这种方法来写,自然就是可交付、可执行的项目计划。

以上这些文案的内容,都是在照顾读者的感受,提供他们需要的价值,或者帮助他们有效、快速地做出决策。这就是我们所讲的,从作者逻辑转化为读者逻辑。

有了这些素材之后，我们需要清晰的思路结构，来表达一篇报告的内容。这里再次推荐金字塔结构：结论先行，逻辑清楚，论据充分。金字塔不光适合构建一个汇报，同样适合去构建文案的逻辑。

举一个年终总结的例子。

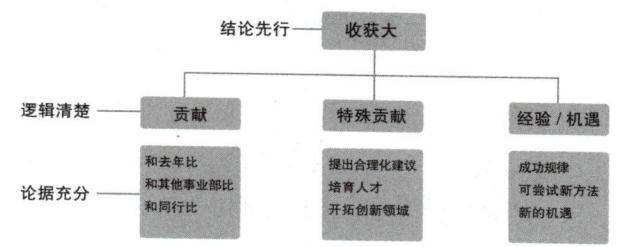

结论先行：过去一年，我的收获非常大。

接下来从三个方面展开：第一，我做出的贡献；第二，我做出的特殊贡献；第三，总结的经验，还有发现的机遇。

在贡献里，可以提供充分的论据作为支持，包括和去年比，和其他事业部比，和外部的同行比。

特殊贡献涉及：提出了合理化建议，在部门搭建了人才梯队，开拓了一些创新领域，用新的方法和工具提升了工作效率，等等。

最后是经验和机遇：从我的贡献和特殊贡献可以总结出什么成功规律，未来想尝试什么新方法，在工作中发现了什么新机遇。

这里面，贡献和特殊贡献并不是领导特别在意的，在你汇报之前，他可能早已经知道了。你总结的经验，发现的机遇，才是他最想看到的。由此他就知道你在思考，你擅长总结过去的经验，来指导未来的工作。

我不建议你在想写一篇文案的时候，打开电脑就开始输入文字。提前的构思至关重要。你可以先用思维导图理清思路。思维导图可以手绘，也可以用软件。软件推荐 Xmind 和 Mind Manager，前者免费，后者需要花钱。图书推荐思维导图之父东尼·博赞的《思维导图》。

我现在录制每堂课程之前，都会先画一个思维导图，勾勒出这一堂课要讲的核心内容、内容之间的逻辑关系，等等。如此讲起课来，才会行云流水，条理分明。

文案语言

文案内容和框架有了，那文字方面，我们要注意什么呢？

有两个原则：

第一，简洁，符合 Kiss（Keep It Short and Simple）原则。

句中不能有多余的词，段落中不能有多余的句子，文字表达要简洁，简洁的文字会体现自律。

你可以用这三种方法，来精炼文字。

1. 把注水的文字压缩掉，比如"大概""一般说来""话说回来"，等等。

2. 删掉"在我看来""我认为""我相信"之类短语。这是你写的文章，没有必要反复提醒读者这是你的观点。

3. 把意思重复的句子压缩掉。同样的意思不必反复表达，要相信读者是聪明人。

第二，用信息化语言替代描述性语言。

尽量将描述性语言转化成信息化语言，避免用大量形容词。没有证据的形容词，会让文风变得假、大、空。偶尔的使用之后也要提供证据支持。

比如，"我的工作得到领导的肯定，受到同事们的好评"，这就是描述性语言。可以改为"2018年下半年工作业绩突出，被评为15名优秀销售人员中的第3名"。

尤其在年终总结中，更应该用数字、事实和细节来呈现信息化。比如，"我策划了新员工歌唱比赛活动，我的组织和协调工作确保了整场比赛顺利而热烈地进行"，就可以改为："我作为负责人策划了新员工歌唱比赛活动，并在两个方面突破了传统的歌唱比赛模式：以决胜PK的方式，在两小时之内，从100名报名选手中选拔出20位决赛选手，大大提高了选拔效率；与20名参赛选手共同讨论决赛方式，最终设计出必唱和合唱比赛环节，使现场气氛异常热烈。"

这就是信息化表达方式。

职场基本功

八招教你提升意志力

我在讲《高效能人士的七个习惯》课程时，习惯让学员写出他们年初制订的三个目标。从学员的反应看，至少80%的人，年初并没有对新的一年做出规划，也就是没有目标。

通常我会说没关系，因为即使1月1日制订了目标，绝大多数人到了2月1日，已经把这些目标忘在脑后了。

缺乏毅力，或者说缺乏意志力、自控力，往往使我们的目标半途而废，无疾而终。

而意志力，对做成某事来说，至关重要。心理学家曾做过问卷调查，让人们说说自己最大的优点，他们往往会说自己诚信、善良、幽默、谦虚等，但很少有人表示自己的优点是自制力强。研究者在问卷中列出了二十来个"性格优点"，在世界各地调查了几千人，发现选择"自制力强"的人最少。不过，当研究者问到失败原因时，回答"缺乏自制力"的人倒是最多。

何为意志力

周末，我通读了两本书，《自控力》和《意志力》，仔细研究了一下意志力这回事。自控力和意志力，对应的英文都是

Willpower，所以我就用意志力一并概括。

1. 意志力的定义。

意志力就是控制自己的注意力、情绪和欲望的能力。通俗点说，就是能不能管住自己，管住自己不做不该做的事情、坚持做该做的事情的能力。

2. 意志力的特点。

第一，意志力是有限的，使用就会消耗。

第二，你从同一账户提取意志力用于各种不同任务。你一整天所做的各种事情之间存在着隐秘的联系。拥挤的交通、烦人的同事、苛刻的上司、淘气的孩子，都在消耗你同一个账户里的意志力。你在这方面花去了一部分意志力，剩下的就少了，所以上班受气，回家踢狗。故我们建议，夫妻关系不和谐的人，不要通过加班来逃避和对方见面。否则，在公司消耗了更多意志力，回家就更没有耐心心平气和与对方沟通了。

3. 意志力的重要性。

我最近总说这句话："成功很简单，只需要两步，第一步是开始，第二步是坚持。"坚持靠什么？就靠意志力了。意志力也可以理解为：平衡当下快乐和未来收益的能力。如果缺乏意志力，不能控制当下的小爽，即时行乐，就透支了未来收益，享受不到更长久的大爽了。心理学上著名的"棉花糖试验"表明，能够自制，不吃第一块棉花糖，等到第二块棉花糖奖励的孩子，长大后无论在事业上还是在人际关系上，都要优于不能等待的孩子。能够延迟享乐和满足感，是成功的重要因素。

4. 意志力可以锻炼和增强。

这对自认为缺乏意志力的人来说，是个好消息。如同跑步，今天顺着跑道跑了五圈，明天就可能跑六圈，日复一日，后来跑个十圈八圈轻松愉快。意志力也是如此，平时坚持锻炼，意志力就能越来越强。要想增强意志力，可以先设定一些小的目标，坚持完成，这样锻炼了意志力肌肉，信心会更强，就可以接着挑战更大的目标。如此循序渐进，成功的几率就更大。我曾经给以前的同事做教练，他希望做到连续三个月学习英语，我建议先连续坚持两周。因为两周听上去比三个月更容易实现，会减轻人的思想压力。坚持两周，再坚持两周，再坚持一个月，连续几个疗程，加起来不就是三个月了嘛。

提升意志力

结合上面提到的两本书和自己的体验，我认为，意志力涉及的无非两件事：第一，停止某些事，即戒掉坏习惯，如吸烟、吃垃圾食品、看电视、刷微博微信等等。第二，开始某些事，即养成新习惯，如锻炼、读书、听英语、和家人在一起等等。

先介绍三招帮你戒掉坏习惯：

1. 隔绝诱惑源。

吸烟的人，注意在家里和办公室彻底清除香烟。爱吃垃圾食品的，客厅茶几上应杜绝任何垃圾食品。爱刷微博微信的，在写工作报告时，不妨把手机放在另一个屋里。购物狂，上街的时候不带信用卡，微信和支付宝都只留少许零钱。这些都是隔绝诱惑源的方式，这样，在某个特定时刻犯了瘾，又找不到，挺挺也就过去了。

以我为例。我平时不吸烟，但写东西的时候，有时憋着写不出来，会抽两支烟找找灵感。有天在微博上看到一张图片，是两个由于抽烟溃烂了的肺，触目惊心。我当即决定戒烟，把家里仅有的两盒烟扔进了垃圾桶。后来有一段时间写东西，想抽烟，没有。挺过去那劲，也就没事了。很久不抽，也就不想了。最近我又在和刷微博做斗争，已经决定从下周开始，每周三天下班时把笔记本电脑放公司，因为我不太用手机上网，没有笔记本在身边，刷微博的时间应该可以适当减少。

2. 循序渐进，转移注意力。

如果做不到一下子戒掉某个坏习惯，可以一点点减少。每天少抽一两根烟，减少点看电视的时间，一步步来。在坏习惯侵袭时，用新习惯来转移注意力。比如去做运动，看更有营养的电视节目来取代垃圾电视剧。

3. 接纳和审视你的欲望。

对于第一招隔绝诱惑源，有的人会质疑：会不会现在拒绝了，太过渴望和压抑，再遇到诱惑时，反倒变本加厉，一发不可收拾？确实有这个可能，尤其还有"道德许可"定律在作祟：唉呀，我这段时间控制得不错，可以奖励下自己，今天放纵一下。所以，戒坏习惯的第三招，叫接纳和审视你的欲望。当心中有欲望升起的时候，不是去抗拒，而是接纳。有时候越抵抗，越压抑，欲望会越强烈。反倒是承认它，接纳它，审视它，它会更容易驯服。直面欲望，驾驭冲动，但不付诸行动，记住你真正重要的目标。

接下来，说说怎么建立良好的新习惯。

1. 一次就建立一个习惯。

很多人之所以不能把新年目标付诸实施，是因为目标太多了，期望在生活的方方面面同时做改善。但如同前面所说的，我们是从同一账户提取意志力用于各种不同任务。目标太多，同时作战，只会让人从体力到意志都疲惫不堪，结果往往一事无成。年度计划有三个主要目标就足够了。每天工作也是如此，先把事情按轻重缓急排序，然后划掉排在"3"之后的所有事情。一次一件事，你完全能够应付；一次两件事，你就应接不暇。慢慢来，生命终究要走到终点，所以没必要急。不能一味前进，忽略了路边的风景，那样的生活，未免没了情趣。

2. 加入志同道合的"群体"。

意志力具有强烈的传染性。比如你和一群不知疲倦的马拉松选手跑步，他们会激发你的潜能，让你不好意思很早就缴械投降。芝加哥警察局曾经做过一个调查：一半的受访者在第一次嫖娼时都不是单独行动的，一般会跟自己的朋友或亲戚一块儿去。就像肥胖、吸烟和其他社会流行病一样，你的社交网络里的观点和行为会像传染病那样传播开来。所以，想建立一个新习惯，非常好的方式是找到一个新的"群体"加入进去。这个"群体"可能是一个支援小组，一个本地俱乐部，一个网络社区，甚至是一份支持你实现目标的杂志。

我一直主张，大家要慎重选择微博关注，一定要关注那些能给你带来正能量的微博。近朱者赤，近墨者黑，你的一生，很大程度上取决于你和谁在一起。环境太重要了，我在不想练吉他的时候，听到楼下的孩子每天不成调地吹萨克斯，只好又开始调弦。置身于和你共享承诺与目标的人们当中，你会觉得自己的目标才是社会规范。最近，我的几个朋友在微博上发起了一个"早起团"，已经有好多人加入，大家"特别讨厌"地早晨起来就@你，激励你建立早起的习惯。这样的团体真的很棒，在惰性来袭时，将你@起来。一段时间下来，早起的习惯就养成了。

3. 运用想象力激励自己。

在考虑如何做出选择的时候，我们经常想象自己是别人评估的对象，研究发现，这能为人们自控提供强大的精神支持。当一个人预想自己实现目标后的场景，比如戒烟成功或跑完马拉松会是何等自豪，那么他更有可能坚持到底。美国东北大学心理学家大卫·德斯丹诺认为，比起为了未来的收益应该放弃现在的舒适这类理论，自豪、羞愧等社会情感能更迅速、更直接地影响我们的选择。

所以，当你要做一件事时，可以充分运用想象力，想想坚持下来后，和别人谈起时，自己该是多么的得瑟和牛。我曾经坚持游泳三年，每周两次，每次游2000米，就是因为，那份和人谈起时的自豪感给了我莫大动力。

最后，和你分享提升意志力的最重要两招：

1. 找到那些"当下快乐"的事。

我们往往会有这样的感受：我当然知道锻炼身体对未来有好处，但就是坚持不下来，锻炼两次，就放弃了。读书当然是好习惯，但是看了一本我再也看不下去了。意志力能够帮助你为了未来的收获和收益，硬着头皮做现在不愿意做的事。但，为了未来，现在就得做苦行僧吗？哈佛大学心理学教授、《幸福的方法》作者泰勒·萨哈尔说，幸福＝当下快乐＋未来收益。这两者有任何一方缺失，你都不会感觉幸福。所以，如果能找到未来有收益，同时当下也让你快乐的事，就比较容易坚持了。

所以，锻炼的方式很重要，如果你运动的项目让你在过程中很爽，你坚持下来的可能性就更大。问问那些多年来能持续做一项运动的人，一定是在运动的当下很享受。

总的来说，任何身体、心智、精神方面的好习惯，都有很多实现方式，你需要做的是：不断探索，找到你喜欢做的，这有助于习惯的保持。

2. 做"公开承诺"。

这招太牛了，想建立什么习惯，把这个事公布给大家听，你坚持下来的可能性立刻爆棚。我培训时喜欢和学员吹牛，说我坚持听英语已经十年了。之所以能坚持这么多年，和我总对学员"吹嘘"这个习惯有很大关系：已经说给大家了，当然得自律，得坚持。最近，我又在微博上发表＃每日听英语＃的信息，每天把听的内容分享一下，这个行为，又给坚持住这个习惯提供了莫大的动力。因为说出去了，好像会有很多人关注，那你就必须做到，不能自己打自己脸。还有我们微博"早起团"的朋友任海涛，每天早晨起来就晒今天是早起第多少天，这个行为一定会帮他坚持更久。

英国诗人、剧作家王尔德说:"我什么都能抗拒,除了诱惑。"

周日的上午,诱惑很多,我还是把昨天读完的两本书,《自控力》和《意志力》,结合我的经验整合成这篇文章,分享给想要提升意志力的朋友。

花近三个小时写这篇文章,我的意志力来自于上面提到的"运用想象力激励自己"。我想象读者读到这篇博客后,会感慨说:"唉呀,这招不错,我要试一试!"

那样,我会感觉很有成就感,很牛。

 职场基本功

让英语成为升职利器

7月份在香港,我用英文给公司全球销售最大的"脑袋"们做了一天培训,包括销售副总裁和各洲的销售总裁。效果还不错,学员评估中对我给予了较高评价。

想当初,我的英文水平真是很一般。大学时专业是商务英语,可到了毕业,连专业四级都没过。工作五年之后,加入第二家公司,记得第一年绩效评估时,上司还把英语定为我提升的方向,说你的英语真心不怎么样。

而现在,工作的第十二年,我已经可以用英语做培训,慢慢地,英语成为我职场中的一大优势。今天,我就来谈谈学习英语这回事,分享一下我的体会。

首先来谈谈有没有必要学好英语。相信大部分人都会觉得学习英语很有必要,可也有少部分人,甚至包括少数外企员工,秉持着这样的信念:"我英语不行,可现在工作生活也不错,那又怎么样?"

对于有这种"那又怎么样"思想的人,我通常不屑多费口舌。这类的人,用我们东北话说就是滚刀肉,任你再怎样舌灿莲花唾沫横飞,都无济于事。一切改变,都是由内而外发生的,我们永远无法叫醒一个装睡的人。

引用蔡康永的一句话表达我的观点:"15 岁觉得游泳难,放弃游泳,到 18 岁遇到一个你喜欢的人约你去游泳,你只好说'我不会耶'。18 岁觉得英文难,放弃英文,28 岁出现一个很棒但要会英文的工作,你只好说'我不会耶'。人生前期越嫌麻烦,越懒得学,后来就越可能错过让你动心的人和事,错过新风景。"

我们应该把"那又怎么样"的思想,换成这个问题:如果我学好了英文,那会怎么样?这种积极的思考方式,一定会带来积极的结果。英文也许一直用不到,但某一天真需要的时候,希望你会发出"哦,幸好我一直坚持学英语了"的感叹,而不是"以前学学英语就好了"的叹息。

既然英语该学,那怎么提升兴趣呢,为什么很多人坚持不下来?

我的建议是,别把学好英语本身当成目标,而把使用英语这个工具来拓展自己的知识面和视野作为目的。比如我喜欢听空中英语教室和空中美语教室的节目,很小部分的原因是练习听力,最大目的是增长见识。有一次我在节目中听到一个很有意思的说法,解释为什么女孩通常喜欢粉红色,男孩通常喜欢蓝色。原因是原始社会时,女性负责采摘果实,一般粉红色的果实就代表成熟了。而男性负责打猎,蓝色代表天空晴朗,意味着今天是个适合狩猎的天气。久而久之代代相传,人类就在骨子里留下了女孩喜欢粉红、男孩喜欢蓝色的基因。这些内容,是不是比英语语言本身有意思?

所以,把英语当成工具,当成瞭望世界的窗户。我做培训可以得到好评,是因为培训内容的设计,因为演示技巧,因为幽默，因为思想本身，而不是因为语言。语言是成功的必要条件，但不是充分条件。

现在谈谈怎么学英语。

·第一，别相信各种培训班，要自学。我这些年在公司给员工组织了太多英语培训，没见谁在上过培训课后有明显提高。学英语，如同背地里见不得人的事，要偷偷摸摸坚持不懈地用功，培训最大的收益也许就是提供一些好的学习方法。

·第二，教材不重要。《许国璋英语》也好，《新概念英语》也好，你能深深整透一本，你就是英语牛人了。如果你能做到像李阳一样疯狂，他的教材也可以。相反，每种教材都浮皮潦草、蜻蜓点水、浅尝辄止，那么你最后也只能是个半吊子。

·第三，听，是必须的。我最喜欢的网站是"听力特快"http://www.listeningexpress.com，该免费网站下载中心里的空中英语和空中美语教室是我的最爱，很短很精彩，还有中文解释，分高中低三级，适合各种水平的人群。每期节目半小时，是居家、旅行、坐班车必备之良品。

·第四，多读，大声朗读。千万别抱怨没有英语环境，没有机会练口语。只有对自己不负责的人才找这个理由。要知道即使工作在外企，如果你的老板不是外国人，你说英语的机会也是寥寥无几。而好多高中生，没出过国，也没在外企工作过，那口语却是小河流水般哗啦啦。我建议通过多读练习语感，大声朗读，让口腔肌肉适应英语发音。大声朗读一直是我多年来学习英语的法宝，多读可以避免张嘴时结结巴巴，读多了，说自然就不是问题。我曾经喜欢读 China Daily，找篇文章就读。现在喜欢下载美国 Businessweek 和 Times 杂志的管理类短文,打印出来朗读。还是那句话,了解内容是目的,学英语是顺带的。

· 第五,记忆些单词是必要的,但不用太难。

· 第六,写,能写基本的邮件就好。

最后,分享一个学习英语的无敌秘诀,这个我轻易不外传。如同马三立的相声中,治疗痒痒的秘方,一层一层小纸包,打开到最后写着两个字:挠挠。学好英语的无敌秘诀,也就两个字:坚持。

有些员工总请教我,说自己的英语怎么就提高不上去。我会问:"你坚持了吗?"员工说:"坚持了。"我再问:"你真的坚持了吗?"员工就心虚了:"唉,坚持了一段时间,没坚持住。"

谁都可以学好英文,只要你坚持。你看罗永浩高中辍学,在社会晃荡好多年,二十八岁闷头学了一年,从最头疼英语的人,成了新东方的 GRE 老师。

我是在毕业后第三年开始捡起英语的。每天早晨我骑车第一个到办公室,拿 China Daily 到大楼的过道里大声朗读。后来开始练听力,每天至少听半小时。接下来的十年到现在,我不敢说每天都在学英语,那是吹牛了,但的确从未较长时间间断过。如今英文不敢说多好,但比大学时候的水平强了很多,工作足够用了。

学英语不是一个短期就能见效的工程,很多人在还没养成习惯前就放弃了。就像培养任何一个习惯一样,每天找个固定时间,学一会儿英语,坚持一段,慢慢的你就不难受了,就成了例行公事。直到哪天没听，没读点儿英语，你就感觉浑身难受，那时候，习惯就养成了。

把每天晚上在网上刷微博微信、打游戏、闲逛的时间，拿出半小时读英语，再在上下班的路上听半小时英语，这样一天就有一个小时是泡在英语里了。坚持一年，再看看自己的水平，必定会有提高。

如果有一天，别人问你有什么业余爱好，你能说：我的爱好是学英语，那你基本就成了。

有记者问科比·布莱恩特："科比，你为什么如此成功？"科比反问记者："你知道洛杉矶凌晨四点的样子吗？"记者摇摇头。科比说："我知道每一天凌晨四点洛杉矶的样子。那时候，我已经开车去球馆练球了。"

科比有打篮球的天赋，但没有如此辛勤的练习配合，天赋是成不了优势的，他绝对不会有如此成就。

对普通人更是这样，成功没有捷径，必须付出。而成功只需要两步，一步是开始，一步是坚持。

关于学英语，你不用寻求任何人的建议。如果你没有坚持，再好的方法也没用，一切都该反躬自问。

如果你坚持了，你的英语一定可以学好，就用不着再找别人寻求建议了。

第四篇

轻松打通职场人脉

很多关于我们人生的重要决定，我们往往不在场，无法发挥影响力。能发挥的只有场外，一是把自己做好，无可挑剔。二是维护好人际关系，关键时刻，没人替你说好话，至少不能让人说你坏话。

 职场基本功

关于你人生的重要决定，你往往不在场

我曾经写过一篇博文《老师罚你孩子抄作业，你会怎么办？》，小范围内得到了关注。文章起源于一位朋友的微博，大概是说：女儿考试没写名字，老师惩罚她写一百遍自己的名字。我打电话给老师说可以给她一些别的任务，让她记住这次教训，但是最好是有意义的任务。打完电话，我就让孩子不用写那一百遍名字了。老师不高兴了，取消了她们小组的成绩，记0分。中国的教育真让人头疼呀。

我在那篇博客里探讨了该如何面对老师罚孩子抄作业的行为，怎样才是最佳的处理方式。我觉得朋友打电话给老师的方式值得商榷：第一，老师可能从此不喜欢这个孩子和家长了。这很有可能，从老师接到电话就取消孩子小组的成绩看，他的心胸和度量着实有限。我们都知道老师喜欢孩子与否，对孩子的成长有多大影响。第二，孩子的逆商，也就是面对逆境时的反应方式，摆脱困境和超越困难的能力，得不到培养。

后来这个朋友在博客里留言说：事实上后来老师也没对孩子有什么太大的不同。这句话推动我的思考迈向更高的层次，我们不妨把时间拉得更长久些来深入讨论：

1. 老师没对孩子有大的不同，也许是老师一向就不怎么样，

后面还是那个德行,所以家长和孩子没感觉到不同。

2. 没有太大的不同,也许是没遇到重要事情的考验。比如,你的孩子和另一个孩子竞争三好学生;又比如,你的孩子和其他孩子竞争保送名额;还比如,你的孩子被分到好班还是差班在两可之间时,你觉得,老师会怎么做呢?

发挥一下我们的想象力天赋,应该不难回答这个问题。

这里面有一个任何人都不能忽略的现实:关于我们人生的重要决定,我们往往不在场。比如,关于孩子的一些决定,不是简单用成绩衡量时,大部分就是老师们讨论决定的,家长根本无法参与。想象一下,如果一群老师在评定学生,恰巧那个老师在场,他会说什么呢?而他的发言,很可能决定了孩子的命运。

职场何尝不是如此,提升你还是提升你的同级,让你负责某个项目还是让你同事负责,你能有机会曝光还是同侪能露脸,大都是领导关起门来讨论决定的,你根本不在场。而某位领导的一句话,往往决定了你是平步青云,抑或原地踏步。

我们不在场,无法发挥影响力。那么能发挥的只有场外了,一是把自己做好,无可挑剔。二是维护好人际关系,关键时刻,没人替你说好话,至少不能让人说你坏话。

史蒂芬·科维在《高效能人士的七个习惯》里提到一个情感帐户的概念,代表人际关系中的信任含量。其中,存款行为能建立和修复信任,提款行为则会毁坏和削弱信任。

很显然,在人际互动中,我们要多些存款的行为,尽量避免提款行为。冲突和对抗,短期内可能会快速解决问题,但长期来看,会让我们对某人的情感帐户出现负值。这个负值的帐户,风平浪静时还好，一旦面对考验时，就要呈现后果了。出来混，总是要还的。

存款行为	提款行为
先尝试理解别人	自以为是
善意、礼貌、尊重	恶意、粗鲁、不敬
信守承诺	不忠诚、背后乱说
关怀	漠视
道歉	骄傲自大
提供反馈	没有反馈或评价
原谅	嫉恨

对于这个情感帐户，还有三点重要体会和大家分享：

一、发你的光，没必要吹灭别人的蜡烛。

在职场里，你可以把自己的工作做得闪亮，但没必要贬低别人的贡献，或者非要泼脏水搞臭了谁，通过把别人踩在脚下，彰显你的出类拔萃。你的同侪个个优秀，大家互抬互爱，整个团队才能上升到更大的平台。

二、送人玫瑰，手留余香。

有机会帮助别人时，不要吝惜。职场同事和你待在一起的时间，或许比家人都要多。对这些比家人还要家人的人，要时常伸出温暖的手，关怀和帮助他们。送人玫瑰，手留余香，或许同事的尊重是一个人能获得的最大荣誉了。

三、心态的"态"，就是"心"再大一"点"儿。

通用电气的传奇 CEO 杰克·韦尔奇在遴选接班人的时候，选择了包括后来继任的伊梅尔特在内的三个候选人。这三个人很早就知道自己入选了接班人计划,但没有为了 CEO 的位置互相攻击和拆台,而是在负责各自事业部的同时互相支持和捧场,一起把通用电气做强。后来伊梅尔特继任,另外两位候选人到了其他公司做了 CEO。

有时候,我们不能做到相互支持,不能做到双赢,是因为我们目光太短浅了,视野太狭窄了,认为盘子里的蛋糕就这么多,你吃了,我就没了,你多了,我就少了。如果能把视野放宽一些,把心再放大一点,你会发现,资源是无限的,具备了相应的能力,在哪里都会活出传奇。

我们不提倡用冲突、对立的形式来解决问题,争一时短长。深入、持久、高效能的关系,才是我们期望的结果。

别忘了,关于你人生的重要决定,你往往不在场。

 职场基本功

给自己创建高质量标签

下午写了篇长博客，有点儿累，吃完晚饭决定不看电脑了，出去散散步。

在去金鸡湖的路上，我看到了上面这幅宣传志愿服务的牌子。第一张是我用手机拍的全景，第二张是近景。在这幅回收废旧电池的画面里，我想让大家注意的是左面第二个大哥：这个人物，闭着眼睛。

一个闭着眼睛的人，出现在这幅画面里做什么？

他是领导或此次宣传的重点人物？应该不是，否则他应该处于更显眼的位置，神情也会更严肃。

那应该就是个普通人物。我想说的是，一个普通人物，闭着眼睛，严重影响了整个画面的美感，为啥不把他PS掉呢？从画面看，把这个人物去掉，应该不影响整体构图和意思表达。这从技术上不难，连我这个门外汉都可以做到，何况搞广告印刷的人。

我有理由认为，负责这个宣传牌的人，不太有责任心。要么，他根本没看重自己的工作，觉得宣传志愿服务的牌子没人会细看。要么，他对自己要求很低，觉得这个质量就可以了。

如果我是他的上级，看到他这个水准的工作成果，一定不会满意。从此以后，他在我心里就留下了一个印象：这人做事，质量很差。

我曾请公司财务副总经理给新入职的大学生分享职场经验。她提到了很重要的一条职场生存法则：给自己贴上高质量标签！也就是说，要认真对待自己的工作，让每一项经自己手出去的工作，都保持较高水准。久而久之，就会建立自己的名声：工作交给他，一定错不了；××出品，必定精品。

财务副总的这条分享，十分重要。我们的工作成果，代表着我们的水准。

记得当时公司里有一个刚毕业的女生，在人力资源部门工作。一次我把一个翻译工作交给她做，两天后，她说翻译完了，把文件发到了我邮箱里。

我打开了那个Word文档，满眼都是红色曲线，也就是Word自动纠错的红色曲线，这些线只有在出现英文拼写错误时才会出现。

整个翻译做得很差，这个我可以理解，刚毕业的学生，对公司里的一些术语不是很清楚。让我恼火的是，Word都已经明明白白提醒了你有拼写错误，给你画了出来，你怎么就不能查一下词典，修正过来呢？就把一个满篇红线的文件上交给我？

当时我很无语，一言未发，自己加班把那个文件翻译了一遍。从此后，她就在我心里定格了，我给她贴上了不负责、没有责任心这类标签。结果，那个女孩在公司没待多久就离开了，因为我和其他同事都对她没什么好评价。

提供高质量的工作成果，是职场责任感的表现。我一向认为，工作不是给公司干的，也不是给领导干的，工作就是给自己干的。我们通过工作赚钱养家糊口，同时积累自己的经验，提高自己的可雇佣能力。有了能力，在哪儿工作都不怕。

同时，高质量的工作成果，也会累积自己的名誉。每个人，如商品般，都是一个品牌。你的工作质量，决定了你是一线名牌，还是二线品牌，或者是个三线杂牌。

如今社会，人们越来越重视圈子，希望拓展人脉。而如果能给自己贴上高质量标签,你不必刻意去开拓人脉,猎头们的鼻子比警犬还灵,会主动找上门来。巷子深浅无所谓,就看你的酒是否足够香了。

这篇文章的结尾,和大家分享一个我近来很喜欢的词:工匠精神。

工匠精神,就是《诗经》里所描述的"如切如磋,如琢如磨"。罗永浩在2012年北展演讲里提到了这个词,微博红人琢磨先生也对工匠精神给予了阐述:1.对所从事的事情有一种完美主义情结,在力所能及的情况下做到极致。2.对细节执着,点点滴滴决不放过。3.激情,对所做的事欲罢不能,并从中获得巨大的心灵满足。4.执着,百折不挠的勇气。

我自己近来稍稍具备了点工匠精神。不久前我要去香港给销售的同事做一天培训,之前两周如切如磋如琢如磨地设计了课程,设计好之后发给香港同事,请他帮我打印出来,作为学员手册。但我一直对自己的教案不是很满意,直到出发去香港的前一天,忽然有了灵感。于是决定舍弃之前的教案,把一切推翻从来。最后终于有了一个自己满意的教案,又发给香港同事重新打印。

结果,这次香港培训十分成功。

英国诗人王尔德这样形容他一天的工作:"我正在整理一首诗的出版稿,一个早上工作下来,我拿掉了一个逗号。下午,我又把它放回去了。"

我给琢磨先生对工匠精神的阐述再加上了一条:5.与其说是为了追求别人的认可,不如说是为了给自己一个交代。

培养点工匠精神,给自己贴上高质量标签吧。

你的工作水准,就是你的品牌。

你的品牌,决定着你的未来。

五招教你打通职场人脉

前面我们讲过,关于人生的重要决定,你往往不在场。我在某一家公司遇到的事情,就恰好佐证了这一点。

当时我负责一个人才库项目,即确定各部门的核心人才,关注他们的成长,给予他们更多的发展机会。各部门提名后,我们人力资源会组织一个评审会议,由各部门经理轮流介绍本部门候选人,然后相关部门经理可以针对人选给出自己的意见。大家都持赞成态度,候选人才能进入人才库。

这个过程很有意思。有些候选人会得到其他部门领导的一致认同。而有些部门提名的业务牛人,却招来其他人的反对意见。大家会举例说你看上次那个××项目,他就和我们合作得不怎么样。

这时,平时积累的人缘就十分重要了。某个人的一句正面赞扬,就可以让你一路畅通进入人才库,也就意味着有更好的发展机会。某个人的一句负面评价,也许就成了你职业生涯的一个坎。所以,人际关系良好,或者说人脉的畅通,对职业发展大有裨益。

我在上大学的时候曾经参加辩论赛,记得决赛时和对手辩论的主题是"能力重要,还是关系重要"。我方抽到的是"能力重要",最后我们辩赢了。但这样非此即彼的辩论,对人的思维模式荼毒甚深。如今的社会,充满非黑即白的二元论,比如"能力更重要,还是关系更重要",又比如"个人努力更重要,还是机遇更重要""人生可以规划,还是无法掌控"。这样的二元论,毫无益处,会造成厚此薄彼的结果。诸葛亮要不是能力很强的"金凤凰",也引不来刘备的三顾茅庐。而没有刘备的伯乐赏识,诸葛又怎能名扬天下,也许始终在卧龙岗草堂春睡呢。

正确的思维模式应该是这样的:能力重要,关系也重要;个人努力重要,机遇也重要;人生可以规划,但充满偶然性和变数。这些要看对谁,和你的人生处于什么阶段,这个世界永远不是非黑即白非此即彼。

话说回来,不管怎样,职场人脉对我们都十分重要。接下来分享五招,帮你打通职场人脉。

1. 把你的工作做得很牛。

只有优秀的人,才能聚拢广泛而有效的人脉。在《影响力》一书中,作者把"互惠"列为增强影响力的最佳方式,我十分认同。这个社会人与人之间的相处,剥离所有的表象之后,本质无非是"交换"二字。我们与他人相处,总有所求。这些渴求,可能是物质的、有形的,也可能是精神的、无形的。即使看似无所求的公益和奉献,施行者也是希望在心灵和精神世界有所收获和不断丰盈。所以,只有你自己变得很牛,其他牛人和人脉才会自然聚拢。否则,你在人际交往中会成为"索取者",那些牛人会避之唯恐不及。就如同总需要你贴补的农村亲戚,一般他们不主动找你，你会主动联系他们吗？我一个搞灵修的朋友说得更玄，说每个人身上都有能量值，能量值相当或者说同频的人，才能互相吸引。故要想积累广泛而有效的人脉，不是靠见人就交换名片。小温的第一次跳槽，就是源于同事向猎头推荐他，表示他干得不错，猎头主动联系上他。把自己的专业搞牛了，你自己就是品牌和名片，人脉自然到来。

2. 发展跨部门业余爱好。

这招，真心管用。我们当年有一个羽毛球小团体，10多个人，来自公司不同部门，每周打两次球。平时在一起玩，工作需要有互动时，一个电话就搞定了。这种跨部门活动多多参加，有百利而无一害。

3. 往情感账户里存款。

建立人脉和影响力的最佳方式是互惠，其次，就是在不太影响自己工作的前提下，多多帮别人的忙，增加情感帐户的存款。乐于助人、与人为善等正向行为都会在帐户里存款，待到你需要时，对方也会挺你。

4. 参加培训/各种学习班。

这个是相当有效的积累公司外人脉的方式，因为在培训班和各种学习班上，你结识的差不多都是同道中人，共同语言会让人们自然走近。2007年，我在北京一个培训课上认识了一个同学Cathy。2011年，她介绍一个做教练的朋友给我认识。通过这个教练朋友的引荐，我上了埃里克森的一个教练课程，在那个班上认识了很多教练同学。这几年，互动比较多的就是这些同学了。

5. 加入行业协会／各类兴趣组织。

我的同事 David 是做精益生产的，他加入了一个精益协会，最近就参加了一个近 300 人出席的论坛活动。想象一下，加入这样的协会，对扩展人脉得多有帮助啊。还有比如豆瓣网上的一些读书小组，网上的一些跑步、探险等业余爱好组织，都是拓展圈子的不错途径。

能力重要，人脉同样重要。把你的工作做得很牛，是打造广泛有效人脉的前提。而发展跨部门业余爱好，往情感帐户存款多帮助别人，能够让你在公司内部游刃有余。参加培训／各种学习班，加入行业协会／各类兴趣组织，可以有效拓展公司外的圈子，让你在行业内和江湖上如鱼得水。

这个社会，有时候，你是谁并不那么重要，重要的是，你认识谁。

亲和力，沟通高手必备杀器

上周去香港，在上海虹桥机场候机时，随手拿出《赖声川的创意学》假装读两页。

不经意间注意到，对面的椅子上，一个略显娇小但很好看的姑娘也在读书。她把凉鞋脱在地上，双腿蜷坐在座位上，素淡的长裙盖到了脚面。她长发过肩，略微低着头，翻动着膝上的书页。我注意到书的作者是苏岑。

她安静看书的样子，如同很美的一幅画面。

我不禁有股冲动，要把这幅画面拍下来。

一向腼腆的我，鼓了好半天勇气，张口搭讪："美女，你喜欢看苏岑的书？"

她愣了一下，显然没有思想准备，然后不好意思地说："啊，没有，刚才在机场书店随便买的。"

我直奔主题："刚才你看书的样子，我觉得特别特别美。我能给你拍张照片吗？"

她连忙摇头："不，不，不，不要。"

我解释说："我没有恶意，真的只是觉得特别美，想把这幅画面拍下来。"

她继续摇头，脑袋摇得像拨浪鼓："不不不，不要。"

我只好放弃:"哦,那不打扰了,你接着看书吧。"

后来我想:如果我是她,一个男人贸然来搭讪,说到第二句话就提出给我拍照片,我会让他拍吗?我当然也不会同意,虽然这个男人戴着眼镜,文质彬彬的。

那么我的这次失败的搭讪,问题出在哪里呢?我想应该是没有建立起亲和关系,没有创造足够轻松的沟通氛围,没有让对方感觉舒服和安全。

在职场和日常的人际沟通中,总有些人能够很快地打开话题,和别人建立起关系,开始愉悦轻松的交流。而更多人,和熟人还好,口齿伶俐谈笑风生,见到陌生人就蔫了,不知道该说什么好。时间长了还行,慢慢会进入交谈的状态,话匣子也打开了,就是开始这个阶段,苦于无话可说,十分难受。

而一次沟通的开始,建立亲和关系这段时间又十分重要,尽管通常来说,开头就是聊聊闲天,却直接影响着沟通的质量。那该如何迅速打开话题,尤其是在第一次和别人见面时,建立起亲和关系呢?其实只要珍惜以下五种缘分就够了:

- **地缘**。这个很简单,攀老乡,或者对方和你曾经待过同一个城市,哪怕去过同一个城市也行。如果能在聊天的开头发现地缘关系,那基本上会是一次愉悦的沟通。我是东北人,去年认识了一个教练朋友,听口音有东北味,原来是东北出生和长大的,我们就攀起了老乡。后来一次吃饭,我俩喝了快一斤二锅头,很是爽快。而她,是位快五十岁的女性。不过稍微提醒下,运用地缘这个方法时,不能为了和某地的人拉近关系,贬低其他地方的人。一次我讲课，开课前下去和学员聊天，问一个学员老家是哪里的。他说陕西的，我顺势说："我很喜欢陕西人，大学时最好的朋友就是陕西的。我和四川人就不行，上学时和一个四川的同学关系很恶劣。"我接着问后面一个同学家是哪里的，他说我老家就是四川的！当时我差点儿"吐血身亡"，恨不得找个地缝钻进去。后来我总结出一个规律：喜欢什么就喜欢什么，但不必顺口贬低其他的。

• **学缘**。不多解释，校友啊。但这个要提醒下，如果你的学校不是北大清华类牛学校，或许对方不愿意在你面前提起。你可以谈到这个话题，看对方反应行事。如果他有兴趣，那就多谈谈。如果他闪烁其辞嗯啊敷衍，你就该换个话题了。

• **人缘**。就是你们同时都认识谁，这是个迅速打开话题的法宝。世界很小，据说，你只需要通过六个人，也就是六次人脉传导，就可以接触到这世界上的任何人。这可能有点儿夸张，但要认识一个行业或一个圈子里的人，六次传导足够了。

• **经历缘**。就是有过共同的人生经历和体验。比如都曾经扛过枪、下过乡，就很容易有共同语言。或者都是某个行业的，都干过某种工作，都参加过某一个方面的培训学习如 MBA，甚至家里都有亲人得过同样的病，等等。

• **爱好缘**。对方有什么爱好，就和他谈什么东西。有人爱明星八卦，有人沉迷游戏，有人喜读书听音乐。你不必有和对方同样的爱好，只要技巧性地和他聊他的兴趣就好了。

另外还要注意建立亲和的三大原则：

1. 保持全然的好奇。

前些天从上海去苏州，路上无聊，问接我的司机能不能放几首歌曲。师傅说只有一张交响诗CD，怕我不感兴趣，我说不妨放来听听。音乐响起，看起来内向木讷的师傅打开了话匣子：这是个意大利音乐家的交响诗作品。这组交响诗第一章，描写孩子的玩耍，所以欢快。第二章忧郁，描写墓穴旁的松树。第三章优美，写的是月光下的松树。第四章激昂，写的是罗马军队的行进。交响诗比较短，思想性和内涵远不如交响乐，但这个也很好听。后来，音乐播放过程中，他还时不时点拨我：你听这是竖琴，这是留声机播放的夜莺鸣叫，你听这鼓，由远即近。一路上，我只是嗯、啊、哦的配合，他滔滔不绝、眉飞色舞、神采飞扬。下车的时候，他正谈到莫扎特的平静，贝多芬的力量，柴可夫斯基的忧郁，看样子还意犹未尽。帮我从后面取箱子时，我说谢谢。他说不客气，也谢谢你，我第一次给客人听这类音乐。我感觉到，我应该会是他比较喜欢的客人之一。每个人都有自己独特的故事、丰富的内心世界，沟通中我们只要保持全然的好奇，亲和愉悦的氛围自然就建立了。

2. 少说多听。

有人说在人际沟通中，应该70%的时间用来倾听，30%的时间用来表达。这个比例当然不必拘泥，但多让别人表达绝对是没错的，因为心理学理论认为，人人都有被倾听、被理解的需求。倾听时要全然的在，如同繁体字的"聽"表达的那样：用"耳"倾听，加（+）上"眼睛"（四）注视，一"心"一意，如同面对君"王"一样。现在的"听"已经简化得不成样子，听别人说话为什么要用嘴（口）呢？而且还要"斤斤"计较。难道听别人说话，不是为了去理解，而是一边听一边琢磨等你说完我怎么对付你，怎么跟你辩论？少说多听吧，毕竟，上帝给了我们两只耳朵，一只嘴巴，就是让我们这么干的。

3. 问开放性问题。

别让对方用是或不是、好或不好这样简单的答案就把你打发了，多问什么／谁／什么时间／哪里／怎么样来鼓励对方多说。比如和新认识的女友看完电影走出影院，千万别问"电影好看吗"这类封闭式问题，这样对方一个"好看，不怎么样，还好"就对付了你。要问"你觉得这个电影哪个情节最让你印象深刻"这类开放性问题，管保你们可以交流更长的时间。

最后，分享一个我经常使用的，屡试不爽的小绝招。那就是转达别人对谈话对象的夸奖。有时我们认识一个新朋友，是通过老朋友介绍的，这种情况下你可以稍稍留点儿心，把老朋友对这个新朋友的夸奖记在心上，然后在适当的时候，转述给这个新朋友。我敢拍着胸脯保证，无论这种夸奖是具体的，还是泛泛而谈，都会让这个新朋友对你产生好感。

为啥你就简单传个话，对方就会喜欢你呢？

很简单，人们会把好消息和带来好消息的人联系起来。当然，也会把坏消息和带来坏消息的人捆绑在一起。尽管消息本身跟传达消息的人没有半点关系。

所以，电视剧里常有这样的情节，接生婆从房间里出来，跟等在外面的财主说"老爷，恭喜，太太给您添了个少爷"，财主大喜，顺手掏出十两银子给接生婆说"多赏给你的"。又如士兵急匆匆进入大帐，"报告将军，中了对方的埋伏，我军伤亡惨重啊"，将军大怒之下破口大骂，拔剑把士兵"咔嚓"了。

一次交流的前三分钟,至关重要。

如果你能珍惜我讲的地缘、学缘、人缘、经历缘、爱好缘五种缘分,把握保持全然的好奇、少说多听、问开放性问题这三个原则,适当的时候使用转达别人对谈话对象的夸奖这个绝招,亲和关系就可以自然而然建立了。

这是沟通高手必备的武器。

用别人喜欢的方式对待别人

去北戴河旅游,返回的时候在昌黎火车站买票,注意到售票窗口旁边显示身高的墙上有这样一个牌子:"恭喜您的孩子又长高了!"

不禁莞尔,这句话其实是在提醒你,孩子多高该买半票,多高该买全票。一般来说,孩子刚刚过线的父母心理上都有些小小的不甘心,但看到这句话,掏钱的时候心里应该会更舒服点儿。

同时我想到了有一次在香港,看到城铁施工现场竖着这样一块牌子:"为您修建城铁,给您带来不便,敬请谅解。"

这块牌子,区别于以往的"城铁施工给您带来不便,敬请谅解",而是强调了这是给您修的城铁,带来了麻烦,还望您谅解,相信老百姓能更多理解和支持。

两块牌子意图不一样,但异曲同工,都是在沟通中,试图"从对方的角度出发寻求被理解"。这是《高效能人士的七个习惯》一书中提及的一个概念,讲的是在陈述和表达你所要做的事的时候,如果能侧重强调从对方的角度来看有益处,或者至少让他们感觉比较舒服,那么你得到理解和支持的可能性就会更大。

魏斯曼演讲圣经系列之《说的艺术》一书里提到,演讲和演示的目的在于说服，所以要想说服听众，就要了解听众的兴趣是什么。利益才是听者的兴趣所在，演讲者必须从听众的利益出发。

魏斯曼提出了6个句式，用来提醒演讲者在每个环节都紧扣听众利益展开。我个人认为这几个问题相当经典，特地摘录如下：

- 这对您很重要，因为……（补充听众的利益）
- 这对您意味着什么呢？（紧接着从听众的立场解释）
- 为什么我和您说这些？（紧接着从听众的立场解释）
- 谁在乎呢？（"您应该在乎，因为……"）
- 那又怎样？（说出结果）
- 还有就是……（说出听众的利益）

我们应该记住这些句式，甚至有必要打印出来贴在墙上，下次准备发言的时候用它们提醒自己。如果找到了听众的需求，并且在演讲中明确说出能带给听众的利益，我们的演讲受欢迎的程度会大大提高。

不光是演讲，在职场任何领域，了解他人的诉求，从对方的角度出发，用别人喜欢的方式去对待别人，都是王道。

比如奖励这件事情，也要因人而异。奖励是为了激励员工重复某种良好的表现，但同样的方式，对不同员工的激励作用差异就很大。发奖金是通杀的方式，没有人不爱钱，虽然有人口口声声说不太在乎钱，但也不会排斥。而类似先进工作者、优秀员工之类的精神奖励，对有些员工也很有效。还有些人喜欢拿奖金大家一起吃喝玩乐，有些人乐意老板给几天带薪假期。职场管理者需要号准员工的脉,对症奖励。

另外,个人在人生不同阶段的诉求往往也不一样。还是举我的例子。2003年,我因为成功完成了某个项目,公司奖给我2000块钱。那笔钱相当于一个月工资,对当时还是穷人的我激励作用相当大。公司还把这次奖励记录到人事档案里,那会儿我还没到如今视荣誉如浮云的境地,激动了好多天。

2005年,在另一家公司,因为出色组织了一次大型活动,公司奖励给我和当时的总经理助理每人5000块钱旅游基金,只要拿发票回来报销就行。我用这个奖励把岳父岳母送到海南玩了一圈,感觉特有面子。

之后,在某家美资公司,老板开会时说,你近来出差很多,工作挺忙,如果需要休假的话,尽管说。即使没有年假了,你也可以休。这种带薪休假的激励方式很奏效,我又"屁颠屁颠"给老板冲锋陷阵去了。

可以看出,用别人喜欢的方式对待别人,有多么重要。

而要做到这一点,首先需要尊重人的个体差异。古语的"己所不欲,勿施于人"和"己所欲,施于人"是很值得商榷的。己所欲的,就是他人所欲的吗?他人所欲的,才是他人真正想要的,对他人来说才最重要。

邻居家有个5岁的小女孩,嘴很甜,见到人就爷爷奶奶叔叔阿姨的喊,很讨人喜欢。我女儿有段时间见人很冷淡,也不主动打招呼。我和老婆都很生气,回来就教训她:你怎么就不主动说话呢?一点礼貌都没有。

一天我又训了她一顿，4岁的女儿说："爸爸，我不是不会说，是今天心情不太好。有时候我也根本不想说，你越让我说，我越不愿意说。"那一刻，我忽然有所悟，孩子有自己的情绪。而且更重要的是，每个孩子都是不一样的，我们没必要让她去变成另外一个人。

从此我释然了，她想叫人就叫人，不叫也无所谓。这样一来，她跟人打招呼的次数反倒更多了。

曾经看过一个年轻女性 W 写的文章。她很爱干净，一天晚饭之后正在拖地，她老公说："你快别拖了，天天拖那么干净干吗？快来跟我一起看个电影。"

W 立刻生气地回答："这么脏了能不拖吗？我上了一天班还要干活，你还有心思看电影？爱看自己看！"

她老公无奈："好好好，你爱拖拖吧，没法和你沟通。"

老公的话，瞬间击中她的心，这不就是几十年来，爸爸经常跟妈妈说的嘛！

W 的爸妈一起生活了几十年。和谐，但谈不上幸福。妈妈很传统，很勤劳，每天都把灶台擦得亮亮的，地拖得干干净净的，以为老公会因为她的勤劳贤惠感恩戴德。可 W 的爸爸喜欢听听音乐，很小资，每每想和老婆一起享受下，老婆都以家务忙为由拒绝他，他常常哀叹得不到理解。

想到自己也在不知不觉间重复父母的相处模式，W 惊出一身冷汗。她赶紧停下手中的活儿，坐下来和老公深入交流了一次。他们把彼此喜欢做的事都写下来，也坦诚地说明了希望对方如何对待自己。自那以后，他们增加了做双方都喜欢的事情的频率，比如散步、运动，同时保留了各自的空间，两人的感情日渐浓郁。

人的天性，就是以自我为焦点。所以，拿过集体照，往往第一眼，我们寻找和关注的就是自己。

人际沟通中，在不违背大原则的前提下，如果我们能尊重个体的差异和独立，充分了解对方的需求和期望，用别人喜欢的方式去对待别人，沟通必定更顺畅。

 职场基本功

你是老虎、孔雀、考拉,还是猫头鹰?

一心想吃唐僧肉的白骨精,见孙悟空不在,化作一个美少妇,想趁机掳走唐三藏。

八戒见了美少妇,使尽浑身解数搭讪,想讨人家欢心。

正在此时,悟空化斋回来,见了白骨精,抡棒就打。唐僧见状,立即喝止悟空。但悟空见了妖精岂能不打,一棒结果了美少妇性命。唐僧急了眼,好你个滥杀无辜的猴子,立刻念起了紧箍咒。

沙和尚见状,立刻向唐僧求情:师父,大师兄也是为了保护你,大师兄做得对呀。唐僧虽宅心仁厚但坚持原则,滥杀无辜必须惩处,把孙悟空逐出了师门。

悟空一个筋斗飞走,跑到一边很伤心。沙和尚又追上来安抚:大师兄,师父撵你走,也是出于无奈,师父做得对呀。

唐僧为何如此坚持原则,没有证据绝对不相信悟空的判断呢?悟空为何不肯屈服,非直来直去见妖就打呢?八戒为何见了异性就走不动道,非要讨人家欢心呢?沙和尚为何刚说师父做得对,又说大师兄做得对,两头当好人呢?

这是因为用 DISC 行为风格来分类的话,唐僧属于 C 型人,也可称为猫头鹰;孙悟空是 D 型人,也可称为老虎;猪八戒是 I

型人，也可称为孔雀；沙和尚是 S 型人，也可称为考拉。

1926 年威廉马斯顿博士创立了 DISC 学说，他认为人都是有习惯的，人的行为都是有倾向性的。他按照倾向人还是倾向事，以及行为风格是内向还是外向两个维度，把人分为四类：D 是 Dominance，关注事并外向；I 是 Influence，关注人并外向；S 是 Steadiness，关注人并内向；C 是 Compliance，关注事并内向。见下图。

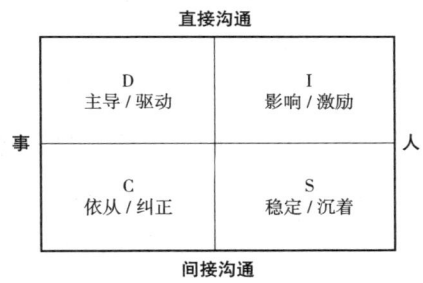

DISC 和 MBTI 都是外企里比较常用的人员行为测评工具，通过完成一套量表，判断被测者的风格，主要用于招聘面试和公司人才选拔培养。DISC 相较 MBTI 更容易理解，乐嘉的性格色彩学，以及最近在国内教练圈渐渐兴起的美国国家航空航天局的 4D，均与 DISC 极为相似，也是把人分为四类。

· **D 老虎——天生的领导者**

老虎的长处是充满自信，不轻易服输，不达目的不罢休；喜欢竞争，勇于冒险，直截了当，有责任感。缺点是傲慢，易冲动，没耐性；独断，越权行事，好争辩，鲁莽。

老虎是天生的领导者，可以给团队提供方向与领导，善于处理危机，勇于接受挑战，长于克服困难，乐于创新。有大局观，始终关注目标的实现，能自如应对压力。

老虎渴望冒险和做决定的权力，希望得到对其领导能力的肯定。期望不受约束，不受条条框框的限制，喜欢"一杆子插到底"的做法。所以和老虎沟通时，要肯定其能力，谈问题简明扼要直奔主题，别磨叽。对他们的评价要基于结果而不是过程。

·I 孔雀——天生的沟通者

孔雀的长处是热情，积极、乐观，善谈，有说服力；机敏灵活，善于社交，信任他人，娴于应对，幽默风趣。缺点是过于炽热，不善于倾听；轻信，浮于表面，易冲动，多愁善感。

孔雀是天生的沟通者，能推动团队活动，创造和谐的环境。善于表达、影响和激励他人。长于合作，容易接受他人。态度积极乐观，愿意提出见解，面对突发事件应变自如。

孔雀希望被喜爱、被接受，不拘于细节，不愿意受到控制。喜欢友善积极的工作环境和能自由阐述观点的机会。所以和孔雀沟通时，需要建立和谐友好的氛围，减少冲突和争执，多表扬和捧场。要倾听他们的见解，留出时间做一些激励性和放松的活动。

·S 考拉——天生的协调者

考拉的长处是谦虚，自制，沉稳可信赖；友好，愿意倾听和与人合作；做事追求完美，理想化。缺点是易自卑或自贬，易否定自己；较保守不易变革，面对变化适应的时间比较长。

考拉是天生的协调者，能融入团队目标，有强烈的归属感，能考虑到整体和局部,建立和谐的氛围。善解人意,善于观察,性情平和,对人有耐心。务实,忠诚可靠,可以给人信赖感。

考拉要求安全感和真诚相待,喜欢相对稳定的环境,希望能有调整和适应变化的时间、明确的责任范围。所以和考拉沟通时,不要催得太急,或采取咄咄逼人和对峙的态度。听取他们想法时要耐心,以不具威胁的方式提出不同意见,要给予鼓励、支持和理解。

·C 猫头鹰——天生的组织者

猫头鹰的长处是坚韧执着,稳健踏实;追求精确,善于分析,处事周全,有系统性;做事认真,谨慎低调,讲究事实依据,力求客观和符合逻辑。不足之处是墨守成规,固执己见;苦心劳神,陷于细节,拘泥于流程和规范;过于小心挑剔和避免风险,过于追求规则不讲情面。

猫头鹰是天生的组织者,提出问题切中要害,控制细节,处事谨慎。对工作讲究方法,关注质量。思维有逻辑性,工作有系统。愿意与人分担风险,努力达成意见的一致。

猫头鹰要求自主和独立,追求规范有秩序的工作环境、经周密计划后的改变。他们在确有把握时才行动,有明确的目标和要求,有确切的工作指南。所以和猫头鹰沟通时,要有精确的数字和事例支持自己的观点,事前做好充足的准备,以系统、全面的方式来提出见解,解释问题要耐心。

综上所述,我估计,DISC 不是外国人创造的,吴承恩老爷子才是鼻祖。取经路上的师徒四人,各具特色,个性鲜明。唐僧是典型的"猫头鹰",坚韧执着,目标明确,为了取得真经,抵御了多少美女的诱惑。孙悟空不是猴子是"老虎",性情直率好勇斗狠,有极强的责任感,而紧箍咒也禁不住他追求自由的心。猪八戒不是猪是"孔雀",活干得不多但嘴好,没有耐性见异思迁。沙和尚是"考拉",典型的和事佬,最擅长和稀泥,最多的台词就是春晚相声里说的那样:大师兄你说得对呀,二师兄你说得对呀,师父你说得对呀。

有兴趣的话,可以上网搜一下,有些网站提供简易版的DISC测评。在工作中,如果能了解自己和同事的行为风格,将会大有裨益。首先可以发挥自己的长处,克制自己的缺点;其次知道别人的行为风格,就可以采用对方喜欢的方式去沟通,从而创造和谐的工作氛围和环境。正所谓,知人者智,自知者明。

关于DISC,需要提示的是:

· **很多人都是混合型的**。也就是说,不是单纯的老虎或猫头鹰,而是有一个主要风格,一个次要风格。我主持的一些测评里,有很多DC或CD型人,这样的人更关注事。也有DI和ID型人,这样的人性格更外向。也有IS和SI型人,这样的人更关注人。我本人就是IS型的,孔雀加考拉。

· **团队成员混搭最好**。为啥唐僧四人能取经成功?因为互补。从经验看,老虎和考拉合作最佳,老虎指明了方向就啥也不管了,考拉来协调实现目标。孔雀和猫头鹰是绝配,孔雀乐观积极爱表现,猫头鹰在后面条清理晰提醒孔雀注意细节。

· **随着年龄和经历改变,风格会变化**。我的一个前同事,最初入职做生产助理，当时测评是典型的考拉。八九年之后他做了生产经理，再测就是 D 型主导了，我估计是新的岗位要求他经常做决定导致的。经理不能像助理那样唧唧歪歪没主意了，经常要立马下判断，于是变成了老虎。

职场基本功

双赢思维，助你打造互利人际关系

在人际互动中，一共有6种赢输思维模式。

第一种：赢输思维。

这种思维，追求自己赢，而对方一定要输的局面。具备这种思维的人通常竞争心特别强，擅长利用自己的权势、地位或对资源的掌控，来打压别人，获得自己的利益。

这种思维模式，只适合一次性交易。这次互动之后，未来再见面和交往的可能性很小。比如，在旅游区买纪念品，通常受骗的几率比较大，因为这是一次性买卖，你下次再光顾的可能性极低。我一个朋友就曾在云南花3000块钱，买下了一个标价19万的镯子。如果你不是行家，怎么也想象不到水会这么深，买了就是上当。

这种思维也适用于鼓励竞争的一些领域，像体育竞技、商业投标等。

但很显然，在长期的职场互动关系里，这种思维模式是不适合的。每次你都占便宜，人家就不跟你玩了。

第二种：输赢思维。

也就是我输，对方赢。你可能会好奇，有这样的人吗？有的。那些没有勇气表达自己诉求的人就是如此。DISC里，S型人也有可能这样选择。生活中某些角色也会有此类表现，像有些母亲会觉得："我好不好的无所谓，孩子好就行了。"有人认为这是爱，但其实这不是爱，这是爱的奉献。

打个比方。有两个杯子，第一个杯子是你对自己的爱，第二个杯子是你对别人的爱。有的人是对自己的爱没有满，却要倒出来给别人，让别人的杯子满。这是爱的奉献。而真正的爱呢？真正的爱是我先把对自己的爱装满，自己过得很好了，再把多余的部分拿出来，倒给别人。这样就不会觉得委屈。所以真正的爱，是"满溢"出来，我自己的杯子满了，溢出来的那部分给别人。

抱持输赢思维的人，没有勇气争取自身利益。长期下来，自己会觉得委屈，别人也会欺负你。

第三种：双输思维。

我得不到，你也别想得到；我不好，你也别想好。

这是所有思维模式里，最低级、最恐怖的。比如我们有时在网上看到的，一个男孩跟一个女生谈恋爱，女孩和他分手，跟其他人在一起，这个男孩就买一瓶硫酸，泼到女孩脸上。这是双输的行为，鱼死网破，玉石俱焚，两败俱伤。

为什么会产生这种思维呢？从本质上讲，是因为这样的人太依赖别人了，不够独立，把自己的幸福感完全建立在某一个人身上，离开了对方就活不了，所以不惜毁掉对方。

第四种：独赢思维。

这是一种很自私的思维，你好不好，我根本不在乎，我自己好就行了。抱持这种思维的人不在意别人的感受和收益，只在意自己的利益。长此以往，必然会造成人际关系的疏离。一个情商高的人，眼睛里要有别人。要明白，你不是太阳，不是所有的东西都围着你转，也需要考虑别人的利益。

第五种：双赢思维。

双赢，很显然是我们提倡的思维模式，不光要考虑自己的益处，还要考虑会给对方带来什么收益。能做到这一点，人际关系就会很和谐，生意也更容易谈成。

第六种：双赢或不成交思维。

那有没有比双赢更高级的思维模式呢？有的，这就是双赢或不成交。

为什么说它更高级？我们当然力图在每次人际互动中都双赢，可是因为环境的限制，条件不够成熟，不是每次都能如愿。这个时候，你有能力离开谈判桌，这次我们不成交，但是不需要破坏关系。买卖不成，仁义在；做不了恋人，也可以做朋友嘛。不成交就好了，没必要你离开我，我就买一瓶硫酸，把你毁容。

这是最高级的思维模式。不过要想实现这个境界，需要你非常独立，不依赖于对方，有好聚好散的资本。

上海复旦大学哲学教授陈果，经常讲到女性的话题，比如女性怎么样更幸福。有一期节目里，她谈女人怎么样更优雅，说了一句话，"我自风情万种，与世无争"。女人如果能实现这个状态，自然就优雅了。

而风情万种，与世无争，需要这个女人很独立。经济独立，精神也独立，不依附于任何男人，也不完全依赖这份工作，才可以自由地绽放魅力。

我经常会跟年龄稍大一点、还没有对象的女学员说:"不着急,先把你自己过好,爱情会自然而然地降临。就像银行只会把钱贷给有钱人,也就是有还款能力的人,爱情也只会降临在那些不缺爱的人身上。"

爱情不是依赖,不是谁施舍谁,而是两个独立的灵魂结合在一起。就像有句话说的:"你若盛开,蝴蝶自来。"我在一篇文章中补充了一下:"你若绚烂,蝴蝶,爱来不来。"两个人很幸福,我一个人也不孤单。

这就是双赢或不成交的状态。

那么如何实现双赢,或者双赢不成交的结果呢?可以考虑从以下几方面着手。

第一,平衡勇气和体谅。

所谓勇气,就是我有表达自己想法和感受的勇气;所谓体谅,就是我有体谅他人需要的意愿。

我不光要考虑自己的利益,还要考虑到对方想要什么,平衡了这两者,才能实现双赢的结果。

如果你勇气太高,体谅太低,就会是赢输的结局,你赢,对方输;体谅太高,勇气太低,就会是输赢的结局,你输,对方赢;勇气高,体谅也高,才会双赢。

第二,不计较某一次的得失,着重建立长期的双赢关系。

长期的人际互动关系中,可以先考虑对方的利益,不必计较一城一池、一时的得失,慢慢形成双赢的关系。

举个例子。我曾在一家生产发电机的公司负责培训。老板非让我给新员工讲产品知识。我一个文科生,对怎么发出电的一无所知,什么水能、势能、磁极、线圈,一窍不通。老板的想法却是要我一个门外汉,给新员工把这件事情说清楚,这样大家更容易理解。我表达了拒绝,但老板一意孤行。我只能硬着头皮上。这显然是一次输赢的互动,我输,老板赢,实现了他的想法。

我很努力地向同事讨教,勉勉强强上了几次课。但在这个过程中,我找了两个相关专业的新员工,培养他们的授课技巧,教他们用通俗的语言给外行把产品讲清楚。时机成熟,我向老板建议:"我已经找到了比我更合适的人,以后让他们讲如何?"老板欣然同意,我也顺利脱身。

这就是不计较一时的得失,去建立长期的互利关系。

第三,注重平时情感账户的存款。

你应该会遇到这样的情况:我这次去找同事帮忙,只是对我有利,人家一点收益都没有,反而会浪费时间。这个时候,怎么建立双赢的局面?他就是输,得加班加点帮我解决问题。

遇到这种局面,就要拼你平常情感账户的存款够不够了,否则人家凭什么帮你呢?

平时得多烧香,才能避免临时抱佛脚。

别让情绪控制了你的人生

我家楼下有两家蛋糕店。

周六早晨,还在睡梦中的我,被一阵急促的汽车喇叭声吵醒。我蹙着眉头,挣扎起床,打开窗,探身出去看个究竟。

小区车位紧张,每天都有人把车停在临街的马路边上、店铺前面。现在,一辆福克斯的前门开着,它的身穿白衬衫、文质彬彬的主人,左手扶在车门上,探身进去,用右手狂按着喇叭。

原来,在路边停的这排车外面,更靠近马路中央的位置,又停了一辆桑塔纳。桑塔纳正好挡住了福克斯的出路。

念念不忘,必有回响。狂按喇叭,必然挨骂。

其中一家蛋糕店的老板,趿拉着夹脚拖鞋,出来骂了些类似"我停车卸点东西就走,你按什么按,你有病啊?"的话。福克斯的衬衫哥闻言,一把甩上车门,立刻回击:"有你这么停车的吗?你还有理了啊,什么素质啊!"

拖鞋哥凑上前:"谁没素质?谁没素质?你有素质你一直按喇叭!小心我大嘴巴抽你!"

"你抽,你抽!有种你抽!"衬衫哥虽然矮小,但毫不示弱。

二人你来我往,针锋相对。短时间内,围上一群看热闹的百姓。交通因此堵塞,过往车辆无法通行,一时间鸣笛声大作。

骂仗升级，终于演变成武斗。衬衫哥和拖鞋哥扭打到一起。原本在旁边等衬衫哥出车的他老婆，加上看起来年近六十岁的他老娘，也加入战团，一起撕扯拖鞋哥。

有人报警，警车鸣叫着开来。劝阻无效，警察无奈，把双方带回警局处理。

人群散去。

作为情绪压力管理的讲师，我在楼上摇头叹息。因为不能掌控情绪，衬衫哥和拖鞋哥，与美好的周末清晨失之交臂。

那当情绪来袭，我们如何掌控自己的行为，才能避免糟糕的结局呢？

不讲理论，直奔主题。送你三句话，堪称史上最强的情绪管理方法，没有之一。当与别人互动，情绪上来，可能暴发冲突时，不妨问问自己：

第一，我想要的是什么？

第二，我的表现，和我想要的东西一致吗？

第三，我怎么做，才能得到我想要的？

讲个我亲身的经历。

我曾在一家美资公司工作，那年 7 月份，要离开待了三年半的苏州工厂，到北京办公室上班。北京的 IT 兄弟说，你 8 月 1 号入职，但笔记本电脑在申请中，得 8 月中旬到位。我说那怎么办，他说要不你和苏州方面商量一下，离开时先别退还手中的电脑，等北京的电脑到位，再去苏州时还回去。我说没问题，就这么办。

离开苏州工厂那天,我找苏州 IT 的兄弟说,能不能电脑先不还,借用一个月,反正我还负责苏州工厂的培训,每个月都会来,再来时再还。

IT 兄弟说,这我做不了主,按程序说离职的员工都得归还电脑,你最好和我们经理说下。我于是直接拨通 IT 经理的座机,讲了来龙去脉,问可不可以一个月后再还。我信心十足,这不是什么大事;而且那位经理和我很熟,我在公司负责培训,他曾听过我好多课。

万万没想到,他说这事不好办,按程序,离职都得退还电脑。我说我不是离职,只是在集团内部换了办公地点,以后还来讲课。他说以前有个经理,也是集团内部调动,去了菲律宾,三年过去,他的电脑也没还。

听到这里,我这暴脾气,火腾的就上来了。我心想我只是在中国区内部调动,每个月都会来讲课。况且你不能用别人的行为揣测我的表现啊,枉我和你私人关系还不错,这不是人走茶凉嘛。这台笔记本我用了三年多了,折旧完也就值 300 块钱,难道我还会藏着不还?

我差点儿脱口而出内心深处的想法,但咱毕竟是情绪压力管理的讲师,大脑迅速转动了一下,我想到了上面那三句话。

第一,我想要的是什么?就是借用电脑。

第二,我的表现,和我想要的东西一致吗?如果我讲出来脑子里的这些废话,就会和目标背道而驰。

第三,我怎么做,才能得到我想要的?

想到此,我在电话里问 IT 经理,我怎么样才可以把电脑借走？他说，你最好让苏州总经理知道这事。我说，明白了。

回到座位，我做了几次深呼吸，调整了情绪。然后给 IT 经理写了封邮件，问可不可以借走电脑。点击发送前，我把苏州总经理的名字，放入了抄送栏。两分钟之后，电脑收件箱滴的一声响，IT 经理回信：OK。

看到这三句话的威力了吧？

当情绪上来，肾上腺素飙升，我们往往会忘记最初的目标，变成"不蒸馒头争口气"了。问出第一句话"我想要的是什么"，就会让你重回轨道。你是要"蒸馒头"，绝不是要"争气"。历史上的越王勾践卧薪尝胆，韩信受胯下之辱隐忍不发，都是这个道理。

周末清早，衬衫哥要的是把车开走，带老婆和老娘愉快出行；而拖鞋哥要的是顺利卸完东西，周末多卖点儿蛋糕。想明白这个，衬衫哥就不会说对方没素质，拖鞋哥也不会想抽对方嘴巴了。拖鞋哥很可能说句"不好意思，挡你的路了"，赶紧上前提车。衬衫哥也可能来一句"没事，没事"。双方各走各路，万事大吉。

记住这三句话了吗？

第一，我想要的是什么？

第二，我的表现，和我想要的东西一致吗？

第三，我怎么做，才能得到我想要的？

在丹尼尔·戈尔曼的《情商》一书中，他认为情商包括四个方面：自我意识、自我管理、社会意识、影响他人。

而在自我管理方面，当发生冲突，情绪上来时，能够自控，以目标和结果为导向，才是高情商的表现。

一切人际冲突的本质，都是在情绪驱动下，有一方或双方偏离了最初的目标。如果能重新聚焦，必然会使互动重回正轨，选择最适于目标实现的行为。

正所谓，不忘初心，方得始终。

 职场基本功

诚信，职场安身立命之本

以前偶尔看过一期李咏的《咏乐汇》节目，采访当时的打工皇帝、新华都集团总裁兼 CEO 唐骏。记得他在节目里面手舞足蹈、眉飞色舞，谈包括他的大头贴照相机和卡拉 OK 打分机在内的"四大发明"。我和节目现场的观众一样，心想这人也太牛了，对他的景仰之情如滔滔江水连绵不绝。

可后来唐骏的牛皮吹爆了。打假学者方舟子说他学历造假，大头贴和卡拉 OK 打分机也不是他发明的。最初唐骏还唧唧歪歪，说要拿起法律武器去告方舟子诽谤。可随着越来越多不利信息的披露，他最后彻底消停了，把四肢收回，缩起头来，不出来张扬了。

唐骏这个人是值得"佩服"的，不用提他在微软的经历，就说他那能够把别人的发明说成自己的，并且说着说着连自己都信了，心安理得、理直气壮，周身沐浴着享受光辉那股劲儿，就非常人所能及啊。

唐骏的行为触及了职场的安身立命之本——诚信。他的结局，注定不会好。

其实唐骏应该做的很简单，面对一切皆可包容的大众，在事件被披露之初站出来说："对不起，我确实造假了，请原谅。"

这个社会，学历造假的名人有的是，有过造假经历的老百姓多的很，时间会消磨一切，没准若干时间之后，唐骏还可以出山，拿这段经历给职业经理人做分享："各位，要诚信啊，否则总会被人发现的，那滋味不好受啊。"

但不管怎么应对这场危机，早知如此，何必当初呢？

诚信是职场安身立命之本，弄虚作假连蒙带唬的事，还是不做为好。

我朋友小温对此深有体会，他的老板曾深深给他上了一课。

当时小温负责员工培训。一次，经常和他合作的某培训公司的销售人员找到他，说下个月要开一门公开课，请小温帮忙派几个学员过去。年初做计划的时候，小温已经把这个课程做进去了，打算派几个人去上，小温的老板也批准了。所以小温没有犹豫就答应了对方，表示没问题，我可以派5个人过去。小温向老板汇报后，老板也同意了。

不幸的是，因为经营状况不佳，小温刚答应完，公司就决定削减这个月的费用，所有培训支出都要叫停。这让小温非常犯难，对方的销售跟他合作多年，私人关系很好，在冲业绩，十分看重小温公司派出的这5个名额。小温跟他一讲培训支出叫停，派不了人了，他赶紧和小温协商，说小温你年初就有计划，现在一定要帮忙，你可以先派人来，培训费用哪怕年底付也可以。

小温心一软，碍于情面，就答应了。但嘱咐说我派人可以，绝不能让我老板知道。等年底再一起付给你们公司费用。因为整个一年和他们合作很多，总共好几十万的培训费，老板应该看不出这次两万块钱的花销。

就是这一次心软,把小温自己害了。其中一个学员,培训回来后和小温的老板,也就是人力资源总监聊天时,表示人力资源安排的这个培训还不错,他们受益良多。老板说现在培训都停了。那个学员说是小温安排他们去的,一共5个人。

结果,老板把小温叫进办公室,问怎么回事。可想而知小温当时的样子,磕磕巴巴语无伦次地解释,浑身针扎般不自在,满脸通红,满头都是汗。"老板,这个,是这样的,我,啊,他,你知道……"

幸好,老板没怎么批评小温。她只说:"我理解,你是因为太善心,不会拒绝别人,才这样做。但你应该记住,诚信、诚实,在职场非常重要。如果你做了有违诚信的事,让别人还怎么相信你?"

那次事情,对小温是个深深的教训。小温的职业生涯成长路上,遇到过两个贵人,第一个是他第一家公司时的副总,他送小温走上了培训这条最喜欢的职业之路。第二个就是第二家公司的这个老板,她教育小温要正直、诚信。

诚信,是职场安身立命之本。唯有诚信,老板才能信任我们。

第五篇
让老板成为贵人

人在职场,老板和我们是共生互赖的关系,不一定什么事都绝对服从。独立思考,有自己的主张,恰恰是负责任的表现。我们是可以对老板说不的,前提是:你知道什么对你最重要,有自我管理时间的好习惯,并且,工作表现足够出色。

职场基本功

使命必达

三亚的一些海滩,很美。尤其是那些高级酒店的私家海滩,维护十分精心,游客还少,就更美了。

夜晚,在这样美丽的海滩上,听着潮声,吹着海风,喝着啤酒,来一场烧烤怎么样?

不错的想法吧?但一般来说,这个想法实现不了。三亚的高级酒店,通常是不会在私家海滩上搞烧烤的,也不会同意客人自己烧烤。

2007年11月,小温所在公司的高层管理会议选在三亚的一家酒店召开,作为培训主管,他负责会议的组织和协调。

刚到三亚,看到美丽的沙滩,总经理来了兴致:"小温,最后一天晚上,我们就在沙滩上搞烧烤。"

总经理是丹麦人,头脑十分灵活,总是有很多新奇的想法和创意。对于他的心血来潮,小温已习以为常,听到吩咐毫不犹豫,得令转身而去。

任务接受得快,执行时才知道麻烦大了。小温和酒店负责接待他们团的销售Shirley一沟通,她就说没戏,在沙滩上肯定不行。酒店本身也有烧烤,但都是在指定的草坪上搞。

小温讲别说没戏啊，找找你们领导。Shirley 就带他去见了销售经理，然后又见了销售总监。得到的答复都是 No：这肯定不行，可以在草坪上烤，需要什么，酒店都可以协助提供。

这个时候，小温该怎么办？如果是你，你该怎么办？

小温完全可以回去禀告总经理：你的主意很好，但行不通。烧烤最后还是可以搞，在草坪上，然后总经理稍许失望而已。

那会儿小温也是犹豫摇摆，但最后还是决定继续尝试：老板要的，我一定努力帮助实现，不到最后不能放弃，使命必达！

于是小温对 Shirley 说："这个海滩烧烤，我一定要搞。这件事，我还可以找谁？谁在这件事上还有影响力？"

Shirley 是个很友善的姑娘，她说："要不您再找找我们总厨，总厨负责酒店所有的餐饮，烧烤也在他负责范围内。"

胖胖的总厨态度很和蔼，但听了小温的想法也说不好弄。就在和总厨聊的过程中，小温看到了后厨里装龙虾的玻璃缸，忽然灵机一动，想起总经理在交代任务时，提到烧烤一定要烤龙虾。

小温问总厨："您这儿的龙虾，多少钱一斤？"总厨说："这些龙虾，每只一斤多，250 一斤。"

小温说："知道了，Shirley 我们走吧。"

过了大约半小时，小温自己又回来，找到总厨："总厨，咱商量一下，您同意帮我在海滩搞烧烤。我们一共 40 人，要用 20 只龙虾，您帮我买，就按 250 元一斤计算。我不管您龙虾从哪里来，最后给我开发票就行。"

这个提议，总厨很乐意地答应了：酒店标价 250 元一斤，他从自己的渠道进，会远远低于这个价格。他又主动帮小温列了其他清单，蔬菜啊烧烤调料啊什么的。

小温说："蔬菜啥的，您一并帮我买了，开发票就行。"

总厨一口答应："好，到时候我给你出两个人，我也过去，所有要烤的东西，都洗好切好串好，所有调料我都给你准备好！"

齐活！

小温又打车去市里，到一个杂货店买了四口锅，四张烧烤网，两袋炭，一些酒精。

是夜，月白风清。

沙滩上，凉风习习。四口锅，四锅炭火，四群人，四处欢歌。

不知道喝光了多少红酒，又喝干了多少啤酒。

海滩上，三天来正襟危坐论战略谈目标的外企精英，横七竖八，或坐或卧……

酒店销售经理、销售总监先后来过，跟小温说立刻停止烧烤。

小温举起手中的啤酒瓶，指了指旁边挥舞菜刀帮着砍龙虾的总厨说："来来来，不要停吧，一起喝！"生米成熟饭，他们也只好作罢。

总经理过来，搂住小温的肩，和小温碰杯。

他指着海滩上歪来倒去的经理们说："这就是我想要的，努力工作，痛快玩乐！"

小温说："老板，你知道，这里是不让烧烤的。"

总经理一饮而尽："哈哈哈，我知道。我更知道，你可以做到，我可以信赖你。"

老板要的，希望下属能给。

他要的是结果,不是那些"太难了""不可能""没办法"。
竭尽全力,使命必达!还有什么样的老板搞不定呢?

小温也一饮而尽,饮下的是成就感,是满足,是骄傲。

职场基本功

超越老板心理期望

2008年,公司把高层管理会议选在了天津宝坻的京津新城凯悦酒店。这个酒店建得很漂亮,像童话里的宫殿。

总经理、人力资源总监和小温这个培训主管兼后勤部长头天下午到达酒店,在酒店的大厅确定三天会议的细节安排。对会议内容,小温没啥发言权,搞定了餐饮住宿后,他就喝着茶,陪两位老板坐着。

忽然丹麦总经理脑子又开始冒坏主意了:"小温,明天一早,大家到达时,我不想让他们直接来酒店会议室。附近有个村子,你看能不能把他们先拉到村子去,抓头猪啊,干点儿农活啥的,然后再回来。"

他抬腕看了下表:"哦,已经三点了,算了,恐怕你来不及。"人力资源总监也对着总经理袒护小温:"你要有想法早说啊,现在他没时间准备了。"

小温说:"反正这会儿我也没事,我去试试。你想让大家抓猪是吧?"

总经理一听挺高兴:"抓啥都行。我的目的是让大家放松,你搞啥都行。就两条原则:把大家弄脏,开心。"

从凯悦出来，小温走向大约 1.5 公里外的村子。一路琢磨，该干点儿啥，大家才能脏并快乐着。

更主要的是，在这么短时间内，即使有了想法，我可以去找谁帮我来实现。

转眼到了村口，小温驻足在那里观望了会儿：这个任务，该从哪里开始行动？

他顺着主要的街道往前走，看到了一家叫"春旺"的食杂店。食杂店通常是一个村子各类人群的集散地，或许能从那里突破。

他进了食杂店，朝老板娘买了一盒二十多块钱的烟。平时不抽烟的小温，撕开烟盒，抽出一支借了打火机点上，开始有一搭没一搭地和老板娘聊天。

话题从村里谁家养猪开始，老板娘说现在都不养猪了，村西头倒是有两家养羊的。小温心中窃喜，太好了，抓羊也行啊，反正都是畜生。

如果抓了羊，怎么往酒店弄呢？于是又谈到村里都有啥交通工具，老板娘说就有几辆手扶拖拉机。小温问都谁家有，她说隔壁王大哥家就有。

抽完一支烟，小温从食杂店出来，直接拐到了隔壁老王家。幸运的是，老王在家，在院子里晒玉米棒子。

小温自我介绍是隔壁老板娘介绍来的，要租车。递上烟之后，开始和老王直奔主题。

他的要求是："明早九点，村口给我备三辆手扶拖拉机，带车厢能拉人，三位司机在春旺食杂店等候吩咐。帮我朝养羊的

人家借三只羊,到时候我们自己去羊圈抓。就从村子开到凯悦酒店,大约用车一小时,王师傅你觉得租车多少钱合适?"

老王抽烟合计了一会儿,回答:"租三辆车得400块,养羊那家是我亲戚,应该不用花钱。你们就是借,不会把羊给吃了吧?"

小温说:"不会不会,我们那些人都吃素。这样,我给您500块,今天先付200块定金,明天租完车再付另外300块。"

互留了电话,从老王家出来,小温如释重负。到羊圈抓只羊,坐着手扶拖拉机去星级酒店,大家应该可以脏并快乐着了。

往回走的路上,小温觉得光抓只羊,这个活动有些单薄。他突发奇想,掏出电话打给老王:"我给你多加100块钱,你再借给我一些院子里的玉米棒子和后院的白菜。"

回到酒店大约下午五点,总经理和人力资源总监听了汇报十分满意,没想到小温会在这么短时间内搞定一切。

第二天早上,大客车将所有高级经理扔在了村口,小温随机将他们分成三组,每组给了一只信封,里面有他们要完成的任务:
·找到一家叫"春旺"的食杂店,买不低于二十块钱的东西,老板娘就会给每组派一位高级交通工具司机;
·小组成员每人亲手收割一棵大白菜;
·小组成员每人捡10只玉米棒子;
·每组抓一只会叫"妈妈"的动物。

各组完成的项目相同,但次序有差别,有的先割白菜,有的先捡玉米棒子,有的先抓动物。最先完成全部任务回到村口的小组获胜。

大家接受任务后分头行动,呼啦啦四十来人冲进村子。总经理也赶来凑热闹,举着摄像机跟拍。

大约一小时后,三组都完成了任务,坐着拖拉机返回。

三辆手扶拖拉机组成一个车队,车上拉着玉米棒子、大白菜、十分茫然不知所措的绵羊,还有嘻嘻哈哈脏并快乐着的高级经理们,浩浩荡荡开往那童话般的凯悦酒店。

在车上有个经理说:"小温,你太坏了,让我们抓一只会叫'妈妈'的动物。我在村里看到一个妇女抱孩子,上去就要抢孩子,以为是你安排好的。谁知道是会叫'咩咩'的羊啊!"

到达酒店,小温给钱遣散了车队。经理们从大巴上取了行李,办理酒店入住,换了衣服,进入会议室开始三天的会议。

会议开始前,总经理把摄像机连在了投影仪上,画面完整记录了大家在村里的"土匪"行径,抓羊的过程逗得大家哈哈大笑。看着温顺的动物,抓它的时候那是拼命反抗,又顶又蹬,把经理们搞得狼狈不堪。画面最后定格在浩浩荡荡的车队上面:小温坐在第一辆拖拉机上面,指挥着行进的方向。

总经理说:"我提议大家把掌声送给小温这个有才的年轻人。他昨天下午开始筹备这个活动,我们没有期望他能做这么好,我们都应该谢谢他!"

掌声一片,还有赞赏的目光。小温站起来说:"谢谢,这是我应该做的。"

那次管理层会议后不久,人力资源总监决定提升小温为培训发展经理,总经理顺利批准。

 职场基本功

2005年加入公司时,小温是那家世界五百强企业最年轻的主管。2008年,他被升职,是当时那家公司最年轻的经理人。

我们日常的绝大部分工作,只要完成就好。也就是把工作做到一般,60分就够,不必完美。

而有些工作,可以稍稍多花些心力,从及格做到优秀,超越老板的期望,让老板感慨:"Wow,我没想到你能做这么好。"

这样的闪光时刻,必定会在老板心里留下深刻烙印,为你的形象大大加分。

主动与老板沟通

再接再 li 的 li，到底是哪个 li？

是"励"，还是"厉"？

小温在第一家公司的时候，曾经担任过一段时间的月刊编辑。每期月刊的第一版，通常是副总经理写的导向性文章。他习惯在纸上手写，然后由小温输入电脑。

有一期文章，副总的题目写的是"再接再励，再创辉煌"。看到手稿，小温觉得"励"应该为"厉"，用电脑一敲，果然如此。

等编辑排版之后，小温将月刊初稿交副总审核。副总审核后给小温时，在这篇文章题目的"厉"字上画了个圈，说你打错了，这个应该是"励"。

小温说："电脑上是'厉害'的'厉'。"副总说："电脑也不一定对吧。我觉得是'鼓励'的'励'。"

他和小温说这话时，周围还有其他人，于是小温说："哦，我知道了。"

那天下班后，小温纠结了一个晚上。到底是该进一步告诉副总这个错误，还是就听他的，反正我打字时纠正过，他自己认定了？

第二天一早，小温进了副总办公室，拿着从家里带来的厚厚的一本《汉语词典》。

他翻到折好的那一页给副总看:"副总,我没别的意思,只是想给您看下,应该是'厉害'的'厉',很多人确实容易混淆。"

副总稍稍有些不好意思:"哦,是吗?还真是。我一直觉得应该是'鼓励'的'励'。谢谢你坚持提醒我,我这回记住了。你这个编辑还挺负责。"

小温用主动的沟通,换取了老板的信任。

前面两篇文章写了小温在那家世界五百强公司成功组织高层管理会议的事,看起来很得瑟和风光。其实,小温2005年加入那家公司后的三个月内,非常难受,境况十分困顿。

当时他的上司、人力资源总监是一个很强势的女老板。她正直坦率,一旦下属犯了错误,她习惯劈头盖脸直接了当地批评,毫不留情面。这和小温的上一个老板形成鲜明对比,那个老板和蔼温婉,十分友善。

小温是个很积极主动的人,到一家新公司,很想多做些事,尽快证明自己。问题是,两家公司文化不同,潜在规则迥异,小温用的还是在上一家公司的工作方法,在这里往往行不通,所以几次都没让老板满意。

于是那段时间,老板经常批评他,而小温自尊心又很强,实在受不了。

那三个月,小温精神萎靡,早晨不愿上班,下午盯着钟表,只恨时间过得太慢。

他屡次萌生退意:"看来我是和这个老板八字不合啊。反正还在试用期，猪八戒摔耙子——不伺猴（候），老子不干了。此处不留爷，自有留爷处。处处不留爷，爷当个体户！"

冲动过后他仔细思量，还是不能辞职：这个五百强公司，平台确实不错。而且当时他是那家公司最年轻的主管，有较好的发展前景。

可是，总这样挨训也不是个事，他又不是受虐狂。

鼓了好几天勇气，他决定找人力资源总监谈一谈。

一天早上，小温敲开人力资源总监的办公室："老板，您有时间吗？我想和您聊一聊。"

人力资源总监稍稍有些惊讶，停下手里的活儿："嗯，什么事？"

小温坐下，犹豫了下，鼓起勇气说："我来了三个月了，想跟您聊聊咱们对待彼此的方式。"

老板说："哦，你想说什么？"

小温说："是这样，我很珍惜现在这份工作，也很努力想把工作做好。近来因为方式方法问题，犯了一些错误。而您对我的批评，我觉得，太直接了。我自尊心很强，很爱面子，觉得挺受不了的。"

老板说："啊？我以为你们男孩子坚强些，说白了就是脸皮厚一些，所以我才那样。"

小温说："是，我明白您的用心，您不客气地指出我们的问题，是为我们好，为工作好。只是我可能自尊心太强了，您看以后能稍稍调整一下对我的方式吗？可以指出我的问题，我一定改，但方式温和委婉些？"

老板说:"好啊,我会注意我的方式。我对你们谁都是这个样子,对你没有成见。可能习惯了一时改不了。如果以后再批评你,你也别太往心里去。你要知道一点,我对你没有成见,只是对男孩子更直接而已。"

从老板办公室出来,小温长长吁了一口气。

作为五百强的人力资源总监,老板真的非常职业,而且是小温遇到过的最正直的老板。那次关键性的对话后,她果然调整了对待小温的方式,即使有问题,她也只是就事论事,再也没有像以前那样说过他了。

经过磨合,上下级关系日趋良性,小温的工作状态也越来越好,渐入佳境。

2009年,人力资源总监被提升,到上海就职。

2010年,小温被猎头介绍到了新公司。此前他一度在北京一家做石油的外企和这家公司间犹疑不决,还曾给前老板打过电话,咨询该如何选择。

2010年底,小温在上海和前老板见面叙旧。她说:"我正在着手组织机构的调整,中国区现在有一个培训发展的职位,如果你在,我会第一个想到你。"

小温笑说:"谢谢。我在现在这家公司,挺好的。哪天混不下去,一定回去找您。"

小温和人力资源总监的那次沟通,带来了双赢的结果:他得到了期望的对待方式,公司得到了他。

即使他不是人才,如果当时选择离开,公司起码还要付出时间成本，去寻找他的替代者。

职场上，90%的问题，都可以通过主动沟通去解决。

沟通，无极限。

 职场基本功

把老板当人看

五一期间,小温专程探望了在第一家公司时的副总经理——那是他职业生涯里最重要的贵人。

2000年小温大学毕业,加入天津一家合资公司。作为管理培训生,经过一年岗位轮转,小温下定决心要留在生产部门干出个样儿来。

没想到,后来副总非要把小温从生产部门捞出来,弄到行政办公室,负责ISO9000质量体系和公司月刊编辑。小温当时极其不情愿,甚至人力资源总监找他谈工作调动时,他直接拒绝了:一个大男人去办公室干什么?更何况,当时的生产经理还有意培养他以后到另一个分厂做负责人。

后来副总亲自到工厂找他:"小温,听我的,跟我去办公室。生产部门不适合你,你的性格和特长,你经常在月刊上写的那些文章,都告诉我,你更适合干文。相信我的眼光。"

小温当时同意了,但不是因为副总说服了他,而是因为那是副总,不听他的话,在哪个部门干,最后都不会有好结果。

再后来,我在前面已经写过:小温想转去人力资源部门,副总在离开公司前的最后一天,帮他搞定了这件事,让小温直接去人力资源部门做了培训主管。这极大地推动了他的职业生涯发

展,为他在下一家公司成为经理,铺就了一个台阶。

副总绝对是小温的贵人了,是他的伯乐。五一见面时小温还逗趣:"您也算是慧眼识'猪'了。"

副总是个很严厉的老板,爱批评人。尤其是对年轻人,看到不顺眼的地方,拉过来就训一顿。

他的理论是:我是对你好,所以才说你,我要是看不上你,才懒得管你呢。可这些年轻人受不了,都怕挨说,见到他都远远躲着。

小温当时算例外,副总对他相对温和。和小温同一批到公司的同事经常拿话挤兑他:"唉,没办法,副总真是喜欢你。"

"副总确实相对偏爱我一些,我想,是因为我拿他当人看。"有一次聊天时,小温和我说。"我的意思是,拿他当普通人看。不是领导,不是权威,而是拿他当一个也需要关怀,需要爱,需要肯定的普通人看待。"

小温在办公室工作的时候,有机会接触到所有员工的出生日期。

那是 5 月,有一天下班后,小温没有急着回家,而是出去到商店买了张生日卡片回来——第二天,是副总的五十三岁生日。

小温趴在办公桌上,用心写下了他的祝福。那段时间,副总每天很忙,而且他有肩周炎,发病时一条胳膊都抬不起来。小温在卡片上大致写下了这样的话:副总,明天是您的生日,衷心祝您生日快乐!工作是工作,也要注意身体,祝身体康健!

他用办公室备用钥匙打开了副总办公室,把卡片压在了他办公桌的台历下面。

第二天一早，副总到达办公室，如每天早上一样，关上门处理紧急文件。

不一会儿，他打开门叫小温："小温，你进来一下。"

小温进到办公室，副总手里拿着那张生日卡片："臭小子，你怎么知道我生日？"

小温说："咱办公室的人，能查到所有人的生日啊。"

副总笑说："哈哈，好，谢谢你！唉呀，我都多少年没收到生日卡片了，连我老婆都不记得我生日了。谢谢，你小子还真有心。好了，去工作吧。"

小温转身离开，回头带上房门时瞥见，副总平时严肃的脸上，依然带着幸福的笑；眼角，有亮晶晶、闪烁的光。

每一个人的心上，都有，最柔软的地方。

可能，越是和员工保持距离，越是高层，越是硬汉，越需要关怀，越需要爱吧。

试着去把老板当人看，当普通人看，去关怀他们，去爱他们。

唯一要记得的是：这种关爱，没有心机，不是为换取回报，无期许；这种关爱朴素，由衷，发自心底。

我的工作我做主

前面写了几篇文章,是关于如何搞定老板的,围绕我的朋友小温在两家企业的经历展开。这篇文章里,也分享些我自己的经历。

我曾在一家美国公司任中国区培训发展总监,老板是美国人。我俩关系十分融洽,大部分时间,我们不像上下级,而更像朋友。

我是1月加入的这家公司,次年2月做年度绩效评估时,老板表示很满意我一年的工作,尤其是我刚到公司一个月,在老板没有要求的情况下,就提出了中国区培训发展三年规划,这种主动性让她很欣赏。

其实我刚到公司的阶段,状况十分混沌。我的职位是中国区培训发展总监,直接汇报给中国区人力资源总监,虚线汇报给美国老板——全球培训发展总监。

这个职位是美国老板主张设立的,但她在美国,鞭长莫及,基本不管。职位又是新的,没人干过,所以尽管有岗位说明,直接管理我的人力资源总监还在探索中,没有给我特别明确清晰的任务。

入职一个月,就是晃晃悠悠的样子,我该怎么办呢?继续等着老板的指示,还是自己去规划工作,帮助老板趟出一条路来?

我选了后者。用了大约一周,根据自己对这个职位的理解和近十年的培训发展经验,做出了几页PPT——中国区培训发展三年规划。内容其实很简单,我将自己的工作归纳为三个主要部分:基础、培训、分享,然后阐述了我的计划,第一年如何集中精力打基础,培养团队和建立培训架构;第二年和第三年如何推行培训和建立分享文化。

一年之后看来,这个规划总体框架不错,但细节部分有很多可以完善的地方。但在那时,当我发给两个老板后,得到了她们一致的积极评价。而且她俩还都发给了自己的上司,说我很主动积极,并且有战略思维,擅长规划。

这里要分享的搞定老板的招术,就是主动积极规划自己的工作,我的工作我做主,别等靠要,别像我们东北小孩冬天在冰面上抽尜儿一样,抽几鞭子,就转几圈,不抽,就停下,偷偷懒。而要在尜里装一个自动马达,不管别人抽不抽,内心都充满动力主动转动。

我的工作我规划,除了可以留给老板主动积极的印象,对自己更是大有裨益:

一、可以增强工作的动力和新鲜感。

心理学早就告诉我们,比起别人强加给你让你干的,自己想干的事情,你会干得更欢,更投入。同时,工作如果一成不变,久了就成了例行公事,就会腻烦。而自己主动去规划,就可以在枯燥的日复一日年复一年的工作中增加新鲜感,减少职业倦怠感的产生几率。我每年设定年度目标之际,都会主动和老板讲今年要新开一两门课,这样就不会重复重复再重复地重复过去的日子了。

二、可以主动拓展职业领域。

我的工作我规划,不仅适用于规划如何干好本岗工作,也可以适当向你感兴趣的领域扩展。在第一家公司时,我的职务是培训发展,但那五年,我做过几乎所有岗位的招聘工作,还处理过员工关系,对人力资源管理有了较全面的了解。能够涉猎这么多,完全得益于我的主动规划和老板的支持。如果你今年还在用同样的方式,做着与去年同样的工作,你的今年就白过了。职业生涯发展有三"度",要么花精力在本岗求新求变,加强深度;要么投入时间横向拓展,增加宽度;要么就是停滞不前,死路一条,等着超度。

三、可以成为本岗的标杆和表率。

老板虽然是老板,但对我们负责的内容不一定比我们更专业。当包括老板在内的大家都在迷雾中摸索时,如果你能主动做出规划,说就朝那个方向走,就这么干吧,那得到批准和支持的概率会非常大,而且你也不知不觉间就成了标杆和表率。那时我所在的公司,因为中国区的培训和发展团队总能在总部没有要求的情况下整出点新鲜玩意儿,负责全球培训发展的美国老板经常写邮件给我们,说这边是全球的学习习典范。主动规划,求新求变,慢慢就会不可替代。

我的工作我做主,我的工作我来规划,是非常好的习惯。

从工作第五年起,我每年的工作方向和重点,基本都是我做出草稿,老板稍加修正和指点就执行了。当然每个人的工作性质不同,也许你的工作与我负责的培训发展相差甚远,但你一样可以采用这种方式,找出下一年要着力提升的地方。

我的工作我做主,你,就是自己工作的主人。

搞定老板，功夫在八小时之外

某天晚上，我和美国老板 PK 了一下酒量，两人喝光了一瓶 52 度的白酒。

第二天早上六点，她要飞马来西亚，我八点半要飞深圳。我打开电脑，收到她九点多在机场写的邮件："早晨我吐得像条狗一样，这个状态，我只在二十多岁的时候有过，谢谢你。咱们团队的口号是'努力工作，痛快玩乐'，以后就改成'努力工作，痛快喝酒'吧。"

我和这个老板，相处确实很融洽。在一次电话会议里，谈到一个高管离职时，我开玩笑说："老板，你没有要走的打算吧？"老板说："我没有，我想更长久地为公司服务。咱们做个约定如何，我留，你留？"我笑答："这个我不能保证。世界变化太快，或许哪天，由于个人原因，或者公司方面不需要我了，我可能会离开。我只能说，现在，和你一起工作挺开心的。"

我和老板的良好关系，源于工作的相互支持，也源于私人关系的和谐。

在职场里，我们要同时处理好两种关系，一个是工作关系，一个是人际关系。如果团队只偏重工作关系，紧盯目标和绩效不放，那必定没有人性，怨声载道。如果只偏重人际关系，那将是你好我好大家好，一团和气，但完不成指标和业绩。最佳状态就是既重视工作，又有人性关怀，注重人的感受。这种团队，将是一个有战斗力、同时又开心的团队。如同港片里上了年纪的角色常说的话："做人嘛，最重要的就是开心喽。"

那么，除了做好工作，保证良好的工作关系外，如何与老板建立很好的人际关系呢？有四个良方和大家分享：

1. 培养和老板一样的爱好。

我曾在一家公司负责绩效评估。印象很深的是有一年，一个部门经理提交给我该部门的评估分数，其中有几个年轻员工得到了4分（最高为5分）。巧合的是，这几人都是平时和经理一起打羽毛球的。我不禁猜测，这里除了工作表现，也可能有印象分的成分。

培养和老板一样的爱好，工作之外也厮混在一起，一定会对工作之内的东西有帮助。心理学上有一个就近原则，也就是说，距离近，见面频次多，会增进人的感情。两地分居的情侣日渐疏远，被第三者乘虚而入，就是这个原则的反证。我在上海的几个做销售的同事，下班后总和老板一起搓麻将，这一定有利于工作的开展。老板喜欢干啥，在不是特别难为自己的情况下，试着培养这个爱好，和他一起玩。投其所好，没什么不好。

2. 搞搞家庭聚会。

职场里，有很多人将同事与家人搞成铁轨那样泾渭分明永不相交，甚至还有隐婚的，连自己婚否都不让同事知道。这当然是个人选择的自由。但如果能把家庭成员带进来聚会，将会急速推进与老板及同事的关系。如我到美国出差，老板会带她老公和儿子陪我一起逛波士顿小吃一条街；她来中国，我们一家三口也会请她吃饭。这样的家庭聚会，充满着轻松和温情。未来的工作中，茶余饭后时不时能聊到家人，很是亲密，双方关系自然而然就拉近了。

3. 组织娱乐活动。

平日里大家都只是工作，就事论事，谈不上太多情感交流。与老板的关系，往往是在各种娱乐活动中升温的。比如在酒桌上，在卡拉 OK，在运动场等等。前两天朋友 Sophie 提到和她老板吃饭的事，老板让她喝酒，她不喝。老板说喝掉这杯是她年度目标之一，不喝就没奖金了。类似这样的场合，嘻嘻哈哈开着玩笑，大家卸下伪装松弛神经，最容易增进感情了。日后再工作起来，会带动工作关系的递进。

4. 送礼暖人心。

记得我第一次到美国，给老板一家人带了京剧脸谱，老板很喜欢，放在了她办公桌上面。去年她来中国，我送了老婆亲手编制的一个手包，她当天晚上就拎出去了。投桃报李，每次来中国，老板也会给我们带些小礼物。送些不是很昂贵、但很用心的小礼物，可以融化职场的坚冰，温暖人心。前面我们提到了情感帐户的概念，送小礼物，表示友好、善意、关心、热情等等行为，都会在对方的情感帐户里存款，增进双方的信任关系。这种存款越多，对未来的互动越有益处。

职场里面，不仅有工作关系，更有人际关系。工作与人际，两手都要抓，两手都要硬。

而人际关系的增进，功夫大多在八小时之外。

我们不提倡对老板溜须拍马曲意逢迎，而那些可以有效增进与老板关系的方式，我们应该知道，如果能很好地使用，那就更好了。

投其所好，如果没有不良企图，只是为了关系更融洽，没什么不好。

如何对老板说不

几乎所有的时间管理类培训课程中,都会提到一个原则:学会说不。只有学会说不,才能把时间投注在自己的优先事务上。

说不,说起来简单,实际上不容易,尤其是对老板,那个掌握着我们薪水、影响着我们前程的人。那么,怎么对老板说不呢?

能够对老板说不,有三个前提条件:

1. 有"可以对老板说不"的思维模式。

思维决定了我们的行为,行为决定结果。管理中,有自我管理,有向下管理,也有向上管理,即管理老板。对老板说不,就是向上管理很重要的一部分。那些不能够对老板说不的人,大多数压根儿就没想过老板也是可以管理的。职场里绝大部分的人是很被动的,老板让干什么,就干什么;老板指哪儿,我就打哪儿;老板让什么时候打,我就什么时候打。如果你的思维模式是这样,那就谈不上对老板说不,谈不上管理老板了。要记住,在你专注的领域,你是专家,老板未必有你精通。所以,有"可以对老板说不"的思维模式,是说不的基础。

2. 有管理时间的习惯。

时间这东西，你自己不管理，别人就会帮你管理。如果你没有管理时间的习惯，不知道优先次序轻重缓急，那当然无法对老板说不了，老板随叫，你就随到。如果你有管理时间的习惯，老板开始也许还是按以往的方式，想让你干啥就让你干啥，想让你啥时候干就让你啥时候干。慢慢的，他/她知道你有自己的规划和安排，不是今天上了班才决定今天干什么，就会渐渐尊重你，逐步习惯你说不了。如果你不清楚当下最该干啥，怎么说不呢？

3. 工作足够出色，在与老板的情感帐户里有足够的信任存款。

凡事都需要资本，这就如同身心灵修炼，身和物质修得扎实了，才能往心和灵的层面探索，否则就飘忽了。人们都在追求自由的工作和工作的自由。自由的前提是什么？就是出色的绩效。活儿干得漂亮、给力，才有资格和老板谈，我能不能不干这个，或者不这个时候干。职场里那些潇洒、自由，可以偶尔越界不受规则限制的人，肯定是绩效在前20里的。本身表现不怎么样，还跟老板说不，还讲条件，那只能换来老板一句话："不想干是吧，不想现在干是吧？那就永远不用干了！"

如果没有上面第二和第三个条件，我们最好还是别和老板说不，老板说啥就干啥会更安全。而如果三者齐备，就可以有策略地说不了：

1. 沟通你的轻重缓急，避免说不情况的发生。

我个人认为，这是最有效的策略。和老板保持规律、顺畅的沟通，比如每周或两周，以面谈或邮件（最好是面谈）的方式，让老板知道你最近在做什么，下一步计划做什么，先后次序是什么。这样的好处，第一，可以提前得到老板的反馈，他／她是否支持这些工作及先后顺序，还是有其他想法。听了上级的意见，你就能及时灵活地做调整，将自己的方向和领导的想法更好地融合。第二，领导知道你手里在忙什么，就可能把一些临时任务交给其他人。如果老板不清楚你的重点和肩上的担子，就会很"信任"你，有活儿就第一时间想到你。

我很幸运，所任职的几家公司，老板都要求我每周或每两周与其开一次会，总结过去，展望未来。如果你的老板没这样的要求，你不妨主动提出："老板，我每两周占用您半小时时间好不好，总结下完成了什么，汇报下一步要做什么，听听您的建议。"一般来说，一个职业的老板，不会拒绝这样的要求，不会回绝这样主动的员工。

2. 让老板做选择。

如果你有管理时间的习惯，当老板交给你新的任务时，你就可以委婉地让老板做选择了："老板，我手里正在忙A项目，大约还需要两天时间。您说的这个新任务，可以交给别人吗？或者等我忙完了A，再处理好不好？或者，我把A放下，先做这个？"

3. 注意场合，注意方式。

尽量不要在其他同事面前跟领导说不，说不时要委婉，不是一定不做，而是把选择权给老板，最后还是要老板定夺。

4. 先做好不愿做的事，慢慢再拒绝。

人生的事情可以分为两种，一种是必须做的，一种是想做的。只有把必须做的做好了，才有资本和资格做想做的。如果时间允许，即使是自己不愿意做的事，最初还是要做的，而且要做好。然后，找合适的机会，跟领导拒绝。

我在某一家公司的时候，每年包括年会在内的所有大型活动，几乎都是我总体策划兼主持。因为做得不错，每次这样的事老板都不假思索地交给我，尽管我是负责培训和员工发展的。长期如此，我就烦了。后来有一年，我跟老板说："今年的年会我真不想负责了，真的很累，我也没有激情了，您看能不能找别的同事负责？"老板同意了，把总体策划的任务交给了另外的同事。所以不愿意干的，不一定最初就拒绝，也不能硬着头皮接下后不好好干。相反，要干好它，然后慢慢迂回和老板讲条件。

跟老板说不，是一个向上管理的习惯。习惯需要慢慢养成，而老板也需要时间，养成接受我们对其说不的习惯。小温曾有过一个很强势的女老板，最初她找小温做事，都是直接抄起电话拨分机："小温，你来我办公室，有件事你去做一下。"后来知道小温有自我管理时间的习惯，再拨分机时她会说："小温，你现在忙吗？有时间的话到我办公室来一下。"大部分时候，小温会回答："好，马上来。"手头如果真的忙，小温会说："我手头有件急事，二十分钟后去找您如何？"

人在职场，老板和我们是共生互赖的关系，不一定什么事都绝对服从。独立思考，有自己的主张，恰恰是负责任的表现。

我们是可以对老板说不的,前提是:你知道什么对你最重要,有自我管理时间的好习惯,并且,工作表现足够出色。

公司和老板,都不欠你的

周末,和小文一起吃饭。一向挺阳光的他,看上去不是很开心。

我说:"怎么了,不是很高兴的样子?"

小文说:"嗨,别提了,我老板前两天的一句话,伤害了我。"

我说:"哦,有不开心的事情?说出来让我开心一下。"

原来,一向上进的小文,想要去读个在职研究生。咨询了一下学费,需要大约三万块钱,小文希望公司能够给他出这笔钱。公司其他部门也有人在读类似的学位,部门领导和公司提出申请后,公司都给报了,不过要求员工签培训协议,同意拿到学位后继续给公司服务相应年限,提前离职的话要返还相应费用。小文所在的人力资源部门也有两个同事在读,但她们感觉公司给报的可能性不大,就没提申请,自费读着。小文觉得自己工作表现不错,没准老板,也就是人力资源总监,愿意支持他去读书,由公司来付钱。但小文不想签培训协议,觉得那是个不平等条约。

前两天在做年中工作评估面谈时,人力资源总监问小文:"你下一步有什么发展计划吗?"

小文委婉地暗示说:"我想读一个在职研究生,不过最近没有钱。"

人力资源总监回复："哦，如果你需要的话，我可以借给你。"

小文跟我说："我觉得老板肯定听出了我的弦外之音，明白我希望公司出钱的想法。她怎么能说出'我可以借给你'这样的话呢？这让我很受伤。我工作表现这么好，难道她不能去向公司申请，由公司给我出这笔费用？借给我钱这样的答复，让我太失望了。"

我说："需不需要知心大哥帮你分析下这件事情？"

小文说："好啊。"

我说："这件事情，有这样几个方面值得探讨：

"你的老板是个好人啊，对你不薄。她愿意借钱给你，现在这个社会，竟然有人愿意借钱给你，这不是很难得的事情吗？所以，她对你真的不错，你应该心存感激。

"别和老板玩暧昧，有话直说。你现在的纠结是什么？是你觉得老板肯定听出了你的弦外之音，明白你希望公司出钱的想法。兄弟，这个未必。沟通中，如果你的表达不够清楚，玩暗示这套把戏，对方很可能不明白你话语背后的意思。她的反应，是基于她的理解，这种理解往往和你的真实意图有偏差。如何避免这些沟通中的误读呢？那就是坦诚表达。记得我小时候去朋友家玩，午饭他们家做了酸菜熬肥肠。朋友的妈妈特热情，给我碗里夹了好几块肥肠，岂不知我从来不吃这类东西。可人家夹碗里了，我不好意思说不吃，就硬着头皮，三口并作两口，把肥肠塞进嘴里，嚼都没怎么嚼，就逼着自己咽下去了，想赶紧吃完去吃酸菜。结果可好，我刚吞完，朋友妈妈又给我夹了两大块，嘴里还说：'哎呀，这孩子还真喜欢吃这东西，来，多吃点！'好嘛，那顿饭把我吃的，眼泪都快噎出来了。这就是不坦诚沟通的代价，就自己吞咽苦果。你想让公司给报销，就直接和老板提呗，然后听听她的反应，就不用在这里猜她是不是听出你的弦外之音了。"

小文点头："嗯，你说的有道理，我当时是应该坦诚地表达，不应该让老板猜闷。可是我还是觉得她应该明白了我想要公司付钱的想法，她怎么就不能去向公司申请呢？别的部门也有人在上学啊，也是公司在掏钱。哪怕她先敷衍下，说会向公司申请，然后申不申请都无所谓，两周之后给我回复，就说公司不同意，我也会好受些。"

我说："嗯，你这样说，我们还是可以继续探讨的。

"不是别的部门行，你的部门就一定行。或许你老板明白了你的想法，但她没想去给你申请，可能是觉得被批准的希望不大。一个公司里，不是别的部门可以做某事，你的部门就也可以做某事。这取决于你们部门在公司里的地位。销售部门或许牛哄哄去旅游了，那不代表你们人力资源就行；设计部门派人去上学公司批准了，那不代表人力资源的人就能得到批准。这就如同上学时，两个孩子看着书都睡着了，家长批评成绩不好的那个：看书的时候还睡觉。然后拍拍成绩好的那个：这孩子，睡觉的时候还看书！所以，在职场，身处一个强势的，或者大老板得意和稀罕的部门，那是相当重要啊。

"永远要对下属诚信。你谈到老板当时可以敷衍下，说会向公司申请，然后申不申请都无所谓，两周后给你回复，就说公司不同意，这样你会好受些。我给你个建议，将来你当老板了，千万不要这样做。这种不诚信、欺骗员工的做法，相当不可取。

以前有个同事给我讲过类似的事,她申请干一件事,她老板说决定不了,会向大老板汇报。几天后给她答复,说大老板不同意。结果,这个同事有天在电梯里碰到了大老板,随口谈到了她申请干的那事,大老板说我不知道啊,你老板没和我提过。结果,这个不诚信的老板,在我同事心里的地位,一落千丈,一泻千里。"

小文听了这些,点头表示赞许。我说:"我还没说完,关于培训协议,你很抵触?"

小文说:"是啊。我上学,学知识,长本领,也会给公司创造价值。公司就应该给我们付钱啊,不应该签什么培训协议困着我们,感觉像卖身契似的。"

我说:"我以前曾经负责过培训协议的管理,对于这个绝大多数员工都很反感的东西,我有话说。

"员工别总拿自己当受害者,公司的利益也需要保护。上个学,公司给掏个三万块钱,我就得签协议,再干三年,这不公平。那如果不签的话,付钱给你学习或培训,完事你就跳槽了,谁来保护公司的利益?我就亲身经历过这样的案例,一个员工,公司派他去法国培训三个月,花了十多万块钱,回来刚想让他把学到的东西应用到项目上,这大哥拍拍屁股,跳槽了。当时公司是叫苦不迭,钱倒不是大问题,主要是耽误了项目的进展。但因为没有协议,公司无计可施。我们身在职场,总是拿自己当弱者,当受害者,觉得公司迫害我们,占我们便宜。其实,这是个契约社会,公司的利益也需要保护啊。

"协议这东西,一般来说,签了不会有损失。员工都特别反感签培训协议,觉得是霸王条款。我所熟悉的协议,通常赔偿金额都是逐年递减的，比如公司替你付三万块钱，签三年协议。过一年你跳槽，一折合，你需要赔两万。两年再跳，只需要赔一万。三年后，就不需要赔了。如果真是那种公司不掏钱，你都愿意读的学位，当然签协议是对的。没准儿你会干满三年呢，即使干不满，干一年就少赔一点儿。即使是那种三年内你跳槽，都要全款赔付的协议，签了也无妨啊。先拿公司钱学习着，大不了跳槽时赔呗。而且，你要真牛，跳槽时接手你的下一家公司，很可能愿意出这笔钱给你。我就亲身处理过这样的例子，一个同事被猎头猎走，身背三万多赔款，新公司完全承担了这些钱。"

所以，任何时候和老板沟通，不要搞暧昧，清楚地表达自己的想法，这样会节约沟通成本。也不要总拿自己当受害者，总觉得公司对不住自己，这是非常不健康的职场心态。公司和老板，都不欠你的，公司的利益也需要保护。公司可能会是黄世仁，没了协议和契约，也可能比窦娥还冤。

通过沟通，达成员工和公司双赢，是王道。